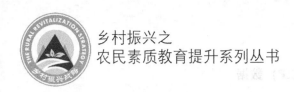

乡村振兴之
农民素质教育提升系列丛书

农产品
加工技术

U0348046

何兆清　乔效荣　徐顺生　主编

中国农业科学技术出版社

图书在版编目（CIP）数据

农产品加工技术／何兆清，乔效荣，徐顺生主编. —北京：
中国农业科学技术出版社，2020. 8（2023.8重印）

（乡村振兴之农民素质教育提升系列丛书）

ISBN 978-7-5116-4847-1

Ⅰ.①农…　Ⅱ.①何…②乔…③徐…　Ⅲ.①农产品加工
Ⅳ.①S37

中国版本图书馆 CIP 数据核字（2020）第 116881 号

责任编辑	姚　欢
责任校对	李向荣

出 版 者	中国农业科学技术出版社
	北京市中关村南大街 12 号　邮编：100081
电　　话	（010）82106636(编辑室)　　（010）82109702(发行部)
	（010）82109709(读者服务部)
传　　真	（010）82106631
网　　址	http://www. castp. cn
经 销 者	各地新华书店
印 刷 者	北京建宏印刷有限公司
开　　本	850 mm×1 168 mm　1/32
印　　张	6
字　　数	160 千字
版　　次	2020 年 8 月第 1 版　2023 年 8 月第 5 次印刷
定　　价	30. 00 元

前　言

　　农产品加工业联结工农、沟通城乡、亦工亦农，是为耕者谋利、为食者造福的重要民生产业。经过多年努力，我国农产品加工业取得了长足发展，但产业大而不强、发展不平衡不充分的问题仍很突出，在满足城乡居民美好生活需求方面还有较大差距。主要表现为：加工业与种养业规模不匹配、加工产业结构不合理、内生增长动力不足、创新能力不强、发展质量和效益不高，特别是企业规模偏小、管理水平较低、产业链条短、技术装备水平不高、高质量产品供给不足、优质绿色品牌加工产品缺乏等。目前，我国已由高速增长阶段转向高质量发展阶段，正处在转变发展方式、优化经济结构、转换增长动力的攻关期。下大力气抓农产品加工业，对于促进加工业转型升级，实现高质量发展，深化农业供给侧结构性改革，加快培育农业农村发展新动能，促进农民持续稳定增收，提高人民生活质量和健康水平，促进经济社会持续健康发展都具有十分重要的意义。

　　本书围绕粮油制品、果品、蔬菜、畜产品、特色农产品加工5个方面，详细介绍了加工原理、工艺流程和技术要求，通俗易懂，图文并茂，可操作性强，是广大农民朋友实施农产品加工的参考用书，亦可用于高素质农民培育教材。

编　者

2020 年 5 月

目　录

第一章 粮油制品加工技术

第一节 面制品加工技术

一、挂面

（一）挂面加工原辅料

挂面生产的主要原辅料有面粉、水、食盐、食用碱及其他食品添加剂。

1. 原料

（1）面粉 面粉通常是指小麦粉，它是生产挂面的基础原料。小麦粉质量的优劣（特别是其中面筋的含量和质量）直接影响着挂面的生产过程以及成品的质量。小麦面粉有通用粉和专用粉之分。挂面生产最好采用面条专用粉。我国行业标准 SB/T 10137—93《面条用小麦粉行业标准》规定普通级专用粉和精制级专用粉湿面筋含量分别为 26% 和 28%。一般生产挂面，湿面筋含量应不低于 26%，推荐值为 28%~32%，同时还应注意面筋的质量。

（2）水 水是挂面生产的第二大原料，加入量仅次于面粉。水在制面中具有重要作用，水质的好坏对挂面生产工艺和产品质量均有影响，特别是水的硬度。因此，在选择挂面加工用水时，除了要符合一般饮用水标准外，其硬度一般应小于 10 度。目前国内挂面生产厂家一般使用未经软化的自来水，其硬度通常在

25 度以上，影响制面效果。因此，为了提高挂面质量，生产厂家应增加水处理设备，降低加工用水的硬度。

2. 辅料

(1) 食盐 食盐是挂面生产的必需辅料，对制面工艺及成品质量均有重要影响。食盐可以强化面筋，增强面团弹性，使用食盐可减少挂面的湿断条，提高正品率；同时，食盐较强的吸湿性还可防止挂面烘干时由于水分蒸发过快而引起的酥断；食盐还具有一定的抑制杂菌生长和抑制酶活性的作用，能防止面团在热天很快酸败；具有一定的调味作用。

(2) 食碱 添加食碱（碳酸钠）能使面团弹性更大，使制出的面条表面光滑呈淡黄色，并产生特有的风味，吃起来更加爽口，煮面时不浑汤，同时使湿切面不易酸败变质，便于流通销售。一般加碱量为小麦面粉重量的 0.15%~0.2%。

(3) 其他辅料 在挂面生产中可使用羧甲基纤维素钠、海藻酸钠、瓜耳胶、羧甲基淀粉钠等增稠剂来增强面团的黏弹性，减少面条酥断；也可添加单甘酯、改性大豆磷脂等乳化剂以防止淀粉老化；还可根据需要添加鸡蛋、牛奶、豆粉、骨粉、赖氨酸、肉松、辣椒粉、番茄酱以及维生素、氨基酸等以增加营养，改善风味。

(二) 挂面加工原理及工艺流程

1. 挂面加工基本原理

原辅料经过混合、搅拌、静置熟化成为具有一定弹性、塑性、延伸性的面团，将该面团用多道轧辊压成一定厚度且薄厚均匀的面片，再通过切割狭槽进行切条成型，随后悬挂在面杆上经脱水干燥至安全水分后切断、包装即为成品。

2. 挂面加工工艺流程

原辅料→面团调制→熟化→压片→切条→湿切面→干燥→切断→计量→包装→检验→成品。

（三）挂面加工工艺

1. 面团调制

面团调制又称和面、调粉、打粉。它是挂面加工的第一道工序。面团调制效果的好坏直接影响产品质量，同时与后几道工序的操作关系很大。

（1）面团调制的基本原理 通过调粉机的搅拌作用将各种原辅料均匀混合，使小麦面粉中的麦角蛋白和麦谷蛋白逐渐吸水膨胀，互相黏结交叉，形成具有一定弹性、延伸性、黏性和可塑性的面筋网络结构，使小麦面粉中常温下不溶解的淀粉颗粒也吸水膨胀并被面筋网络包围，最终形成具有延伸性、黏弹性和可塑性的面团。

（2）原辅料的使用与添加 首先是面粉应符合要求，特别是湿面筋含量应不低于 26%，一般为 26%～32%。另外是加水量，加水过多，面团过软，造成压片困难且湿断条增多；加水过少，面团过硬，不利于压片，断条增多，且面筋形成不良，使面团工艺性能下降，影响面条质量。实际生产中，挂面面团调制的加水量一般控制在 25%～32%。可根据面粉中面筋情况增减水量，一般按面筋量增减 1%，加水量相应增减 1%～1.5%。还要根据不同品种挂面中添加的其他物质的含水情况来调整加水量，科学地配制盐水，根据投料量、加水量、加盐率计算加盐量，在盐水罐中准确配制。

（3）面头加入量 挂面生产中产生的干、湿面头回机量也会影响面团调制效果。湿面头虽然可以直接加入调粉机中，但一次不可添加太多，否则易引起调粉机负荷太重，同时面筋弱化也会较为严重。干面头虽然经过一定的处理，但其品质与面粉相差较大，因而回机量一般不超过 15%。

（4）面团调制时间 面团调制时间的长短对面团调制效果有明显的影响。面团调制时间短影响面团的加工性能；面团调制时间过长，面团温度升高，使蛋白质部分变性，降低湿面筋的数量和质量，同时使面筋扩展过度，出现面团过熟现象。比较理想的调粉时间为 15min 左右，最少不低于 10min。

(5) 面团温度 温度对湿面筋的形成和吸水速度均有影响，面团温度是由水温、面温、散热、机械吸热共同决定的，实际生产中调整面团温度主要靠变化水温。面团的最佳温度为 30℃ 左右，由于环境温度不断变化，面粉温度也随之变化，水温也需要跟着调整。

(6) 调粉设备及搅拌强度 面团调制效果与调粉机形式及其搅拌强度有关。在一定范围内，搅拌强度高则面团调制时间短，搅拌强度低则需延长面团调制时间。搅拌强度与调粉机的种类及其搅拌器结构有关。

(7) 操作不当 面团调制过程中遇到停机重新启动时，必须先取出部分面团以减轻负载后再行启动。若不减负载强行启动，易使搅拌轴产生内伤，甚至发生断轴事故。另外，在实际操作中，要严格执行操作规程，湿面头要陆续少量均匀加入。

2. 熟化

将调粉机中和好的颗粒状面团静置或在低温条件下低速搅拌一段时间，使面团内部各组分更加均匀分布，面筋结构进一步形成，面团结构进一步稳定，面团更加均质化，面团的黏弹性和柔软性进一步提高，工艺特性得到进一步改善，使面团达到加工面条的最佳状态，这个过程称为熟化。熟化是面团自然成熟的过程，是面团调制过程的延续。

影响面团熟化效果的主要因素有熟化时间、熟化温度和搅拌速度等。

(1) 熟化时间 熟化的实质是依靠时间的推移来自动改善面团的工艺性能，因而熟化的时间就成为影响熟化效果的主要因素。在连续化生产中，熟化时间一般控制在 20min 左右。

（2）熟化温度　温度高低对熟化效果有一定的影响。比较理想的熟化温度是 25℃ 左右。

（3）搅拌速度　搅拌速度以既可以防止静置状态下面团结块，同时又能满足喂料要求为原则。对于盘式熟化机，其搅拌杆的转速一般为 5r/min 左右。

3. 压片与切条

压片与切条是将松散的面团转变成湿面条的过程。此过程是通过压片机与切条机来完成的。

（1）压片　将熟化好的颗粒状面团送入压面机，用先大后小的多道轧辊对面团碾压，形成厚度为 1~2mm 的面片，在压片过程中进一步促进面筋网络组织细密化及相互黏结，使分散、疏松、分布不均匀的面筋网络变得紧密、牢固、均匀，从而使得面片具有一定的韧性和强度，为下道工序做准备。压片基本过程如图 1-1 所示。面团从熟化喂料机进入复合压片机中，两组轧辊压出的两片面带合二为一，再经过连续压片机组的辊轧逐步成为符合产品要求的面片。

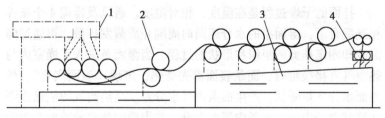

图 1-1　复合压延过程图

1. 熟化喂料机；2. 复合压片机；3. 连续压片机；4. 成型机

（2）切条　将成型的薄面片纵向切成一定长度和宽度的湿面条以备悬挂烘干的过程称为切条。

（3）压片与切条中需注意的问题　在压片与切条工序中常

由于压片及切条设备加工精度与装配精度不够、前期面团调制操作不当、复合机喂料不足等原因，出现面带运行不平衡、面带跑偏、面带破损、面带拉断、湿面条毛刺、并条等问题。

①设备调试不精确。在压片过程中，调好轧距是很重要的。若各道轧辊之间的轧距没有调好，会造成面带运行不平衡，即通过前后压辊的面带流量不均，出现面带时松时紧甚至下垂拖地或面带断裂的现象。轧距调整不精确还会使一对轧辊的两条轴线不平行，发生面带跑偏现象。另外，面刀的加工精度和装配精度不够会使湿面条产生毛刺或并条。

②喂料不足。复合机喂料不足或短暂断料，会使面带上出现大小不等的孔洞或面带侧边出现不规则破损，使湿断头明显增多，影响生产。

③面团水分不稳定。面团水分不稳定会引起面带时紧时松，从而发生断裂或下垂。

4. 干燥

干燥是挂面生产工艺中的一道关键工序，通过干燥使面条符合规定的含水量。该工序对产品质量的影响很大。

挂面的干燥过程是在温度、相对湿度、通风及排潮 4 个条件相互配合下，湿面条的水分逐渐向周围介质蒸发扩散，再通过降温冷却固定挂面的组织和形状的过程。当湿面条进入干燥室内与热空气直接接触时，面条表面首先受热，出现"表面汽化"，使表面水分含量降低，产生面条内外水分差。当热空气的能量逐渐转移到面条内部，面条内温度上升，并借助内外水分差所产生的推力使内部水分出现由内向外移动的"水分转移"过程。"表面汽化"和"水分转移"协调进行，面条逐步被干燥。

5. 切断、称量与包装

(1) 切断 干燥好的挂面要切成一定长度以方便称量、包装、运输、储存、销售流通及食用。挂面的切断对产品的内在质量没什么影响，但对干面头量影响很大。切断工序是整个挂面生产过程中产生面头量最多的环节，因而在保证按要求将长面条切成一定长度挂面的同时，还要尽可能减少挂面断损，把断头量降到最低限度。我国挂面的切断长度大多为200mm或240mm，长度的允许误差为±10mm。切断断头率控制在7%以下。

（2）称量、包装　切好的挂面须经过称量、包装方可得到成品。称量是半成品进行包装前的一道重要工序，有人工称量和自动称量两种。目前我国绝大多数挂面厂仍采用人工称量的方法。称量的一般要求是计量要准确，要求误差在1%~2%。目前我国挂面包装多数是借助包装机由手工完成，也有采用塑料热合包装机和全自动挂面包装机来完成包装的。

6. 面头处理

挂面生产中产生的面头包括湿面头、半干面头和干面头三种，面头量一般占投料量的10%~15%。

（1）湿面头　在切条、挂条、上架及烘房入口落下的面头称为湿面头。由于其性质与面机中原料小麦粉性质比较接近，可及时送入调粉机中与小麦粉混合搅拌，然后进入下道工序。

（2）半干面头　在烘房中段至高湿区落下的面头称为半干面头。由于这部分面头是在不同烘干阶段落下的，所以其含水量不同，与面团的性质也不一样，不能直接回入调粉机。对于半干面头常用的处理方法有两种：一种是将其浸泡后加入调粉机与小麦粉混合搅拌，另一种是将其干燥后与干面头掺和在一起再进行处理。

（3）干面头　在烘房后部落下的面头以及在切断、计量、包装过程中产生的面头称为干面头。干面头的性质与原料面粉完全不同，其含水量与成品挂面的水分接近。干面头的处理方法目前主要有湿法处理和干法处理两种。湿法处理是将清理后的干面头浸泡30~60min，使其充分软化，再按一定比例掺入调粉机中与小麦粉一起搅拌。干法处理是将干面头粉碎过筛加工成干面头粉，再按一定比例掺入调粉机中与小麦粉一起搅拌。由于干面头面筋网络已受到一定程度的破坏，所以尽管将其处理后仍可加入调粉机中进行利用。为了保证挂面质量，一般回机率不得超过15%。

二、方便面

（一）方便面加工的原辅料

1. 原料

（1）面粉 小麦面粉是生产方便面的基础原料，小麦粉质量的好坏直接影响方便面的质量。方便面生产对面粉的要求较高，一般以强力粉或准强力粉为主，湿面筋含量32%～38%，蛋白质含量11%～13%，且面筋质量要好，酶活性低，粒度细。使用高筋粉可制得弹力度强的面条，成品复水时，膨胀良好且不易折断或软化，但淀粉糊化时间较长且成本较高。生产中，可通过在高筋粉中掺以一定量的中筋粉来进行调整。

（2）水 方便面生产中要求选用软水，或者对水要进行软化处理，水质要求见表1-1。

表1-1 方便面水质要求

含铁量/ mg·L⁻¹	硬度	有机物/ mg·L⁻¹	含锰量/ mg·L⁻¹	碱度/ mg·L⁻¹	pH 值
<0.1	<10	<1	<0.1	<30	5~6

2. 辅料

（1）食盐 食盐主要起强化面粉筋力的作用，兼有增味、防腐作用。一般选用精制食盐，添加量为面粉的1%～3%。

（2）碱 加碱能有效地强化面筋，并使方便面在煮、泡时不糊汤发黏，食用爽口，并能使面中的色素变黄，使产品具有良好的微黄色泽。一般可选用碳酸钾、碳酸钠、磷酸钾或钠盐等，混合使用效果较好。加碱量一般为0.1%~0.2%，视面粉的筋力而定。

（3）油脂 方便面生产中油脂的选择涉及产品的保质期、风味、色泽及生产成本等。要根据产品的具体情况进行选择，一般要求品质良好且质量稳定。可采用40%的动物油（猪油或牛油）和60%的植物油（棕榈油、豆油等）组成混合油脂作炸油。

3. **其他辅料**

在加工方便面时还可根据需要添加其他辅料。

（1）抗氧化剂 为防止油脂氧化酸败，通常要在炸油中添加抗氧化剂。可用丁基经基面香醚（BHA）或二丁基羟基甲苯（BHT），用量为0.2g/kg。同时添加增效剂柠檬酸或酒石酸，用量为0.8g/kg，也可使用更为安全的天然抗氧化剂维生素E。

（2）复合磷酸盐 使用复合磷酸盐主要是提高面条的复水性，使复水后的面条具有良好的咀嚼感和光洁度。常用的复合磷酸盐组成见表1-2。

表1-2 方便面复合磷酸盐组成　　　　单位:%

成分	配方 I	配方 II	成分	配方 I	配方 II
磷酸二氢钠	—	1.3	聚磷酸钠	25.0	29.0
偏磷酸钠	27.0	55.0	焦磷酸钠	48.0	3.0

（3）乳化剂 乳化剂可有效延缓面条老化。常用的乳化剂如单甘酯和蔗糖酯，使用量一般为0.2%~0.5%。

（4）增稠剂 增稠剂可改善面条的口感，降低面条的吸油量。常用的增稠剂如羧甲基纤维素钠和瓜耳胶等，用量一般为前者 0.2%~0.5%，后者 0.2%~0.3%。

（二）方便面加工原理与工艺流程

1. 方便面加工基本原理

以面粉为主要原料，通过面团调制、熟化、复合压延、切条折花后成型，将成型后的面条通过汽蒸，使其中的淀粉高度糊化、蛋白质热变性，然后借助油炸或热风将煮熟的面条进行迅速脱水干燥。

2. 方便面加工工艺流程

配料（面粉、水、食盐等）→面团调制→熟化→复合压延→切条折花成型→蒸面→定量切断→油炸或热风干燥→冷却→检测、加调味料包装→成品。

（三）方便面加工工艺

方便面加工中的面团调制、熟化、复合压延的基本原理和挂面相似。

1. 和面

和面是方便面生产的首道工序，将小麦粉及其他辅料拌和成具有良好加工性能的面团，使面团形成料坯状，吸水均匀充足，面筋扩展适宜，颗粒松散，粒度大小一致，色泽均匀，不含生粉，手握成团，轻轻搓揉仍能成为松散的颗粒面团。

制作步骤：控制好加水量及水温。一般加水量为 32%~35%，水温为 20~30℃；面粉用量、回机面头等要定量，干面头回机量不得超过 15%；盐、碱等可溶性辅料面溶于水后按比例加入；开机前要在确定机内无异物后先开机试转 1~2min，正式面团调制中，要注意观察运行情况，发现异常立即停机检查，取出机内湿粉，重新启动；搅拌混合时间为 15~20min。

2. 熟化

熟化可进一步改善面团的性质，使面团的黏弹性和柔软性进一步提高，有利于面筋形成和面团均质化，使面团达到加工面条的最佳状态。

制作步骤：和好的面团要在低温条件下低速搅拌，熟化机转速一般不超过 10r/min，机体内物料要控制在 2/3 以上；熟化时间一般要求在 10~20min；注意观察喂料器进料情况，避免堵塞。

3. 复合压延

熟化的面团经过复合压延后面带厚薄一致、平整光滑、色泽均匀，具有一定的韧性和强度。

制作步骤：初轧面片厚度一般为 4~5mm，经过反复压延后最终厚度为 1~2mm；末道压辊线速度一般≤0.6m/s；压延比分别为 50%、40%、30%、25%、15%、10%；开机前检查压辊中是否有异物并试转 2~3min。注意调整好轧距，且要随时检查校正。

4. 切条折花成型

切条折花就是将面带变成具有独特波浪形花纹的面条。该工序是方便面生产的关键技术之一，其目的不仅是使方便面形态美观，更主要的是加大条与条之间的空隙，防止直线形面条蒸煮时黏结，有利于蒸煮糊化和油炸干燥脱水，食用时复水时间短。

（1）切条折花成型的基本原理 切条折花成型装置如图 1-2 所示。面带由面刀纵切成条后垂直落入面刀下方的折花成型器内，面条不断摆动下落堆积成波纹状，然后再经下面短网带的慢速输送，使形成的波纹更加密集，最后由紧贴在短网带下面的长网带将其快速送入蒸煮锅内进行蒸煮，将波纹基本固定下来。面条下落的线速度与短网带线速度的速比大小将影响波纹成型效果，进而影响方便面的定量，速比大则波纹密，速比小则波纹稀，一般以（7~10）：1 为宜。另外，长网带的运行速度比短网带快得多，由于两条输送带的速差使密集的波纹面带被拉成花纹比较稀疏而又比较平坦的面带，这样更利于蒸熟。长网带与短网带的运行速度比为（4~5）：1。

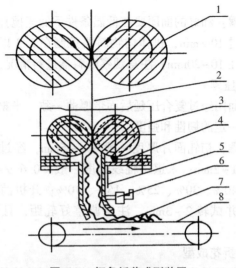

图1-2 切条折花成型装置

（2）切条折花成型应注意的问题 一是面条花纹不规整，花纹过疏或过密均不符合工艺要求。调整料门配重，必要时重新调整成型器；二是出现并条面，面刀啮合深度不足，易出现并条面，调整面刀间隙，必要时更换面刀；三是出现锯齿面，面梳严重磨损、弯曲或断齿导致出现锯齿面。

5.蒸面

蒸面是方便面生产中的一道重要工序，是将切条折花成型后的波纹面条在一定温度下适当加热，由生变熟的过程。

（1）蒸面的基本原理 蒸面的基本原理是生淀粉在蒸汽的作用下受热糊化，蛋白质发生热变性。蒸煮工艺要求淀粉的糊化程度要在80%以上，淀粉的糊化程度越高，面条的复水性能和黏弹性越好。

（2）蒸面的工艺技术要求

①蒸面温度。小麦淀粉完成糊化的温度为 64℃，所以蒸面的温度一定在 64℃ 以上。方便面生产中采用的连续式蒸箱属常压蒸面设备，最高温度只能在 100℃ 以下，一般工艺要求蒸箱进口温度为 60~70℃，出口温度为 95~100℃。

②蒸面时间。淀粉糊化有一个过程，需要一定时间。通常在常压蒸煮的条件下，蒸面时间为 90~120s。

③面条含水量。在蒸面温度和时间不变的情况下，面条含水量与糊化程度成正比，生面条的含水量越高，面条的糊化程度越高。

④蒸汽量。蒸箱内应有合理的蒸汽量，要控制好蒸箱蒸汽阀的开度。蒸汽用量一般为 0.2~0.4t/h。

6. 定量切断

定量切断的基本原理：由蒸面机蒸熟的波纹面带从蒸面机出来后，被定量切断装置按一定的长度切断，然后对折成大小相同的两层面块，再分排输出，送往热风或油炸干燥工序。方便面的定量切断是将质量转换成长度，以长度来衡量质量。每块面块的质量随花纹的疏密而变化，所以成型折花时花纹的疏密应保持一致。

定量切断要求定量准确、折叠整齐，喷淋均匀充分，入盒到位。因此要调整好各传动单元的线速度，特别注意它们的均衡配合，防止出现面带阻塞、面块折叠不齐，以及连块、掉面等现象。

7. 方便面的油炸或热风干燥

油炸或热风干燥是制作方便面普遍使用的干燥方式。通过脱水干燥，降低水分以利于保存，同时固定蒸熟面块的精化状态并进一步提高其糊化度，改善产品的品质。

（1）油炸干燥

①油炸干燥的基本原理。油炸是一种快速干燥方法，是将蒸

熟的定量切块的面块放入油炸盒中，在130~150℃的棕榈油中脱水。油炸过程中，面块体积膨胀充满面盒，当面条含水量降到3%~5%后面块硬化定型。由于油温较高，面块中的水分迅速汽化逸出，并在面条中留下许多微孔，浸泡时，热水很容易进入这些微孔，因此油炸方便面复水性好于热风干燥方便面。

②油炸干燥的工艺技术要求。选用棕榈油，油炸时油温要保持在130~150℃，其中低温区油温为130~135℃，中温区油温为135~140℃，高温区油温为140~150℃。油炸锅的油位为油表面高于油炸盒顶部30~60mm，油炸时间70~90s，面块含水量降为8%以下，一般为3%~5%。

油炸一般采用饱和脂肪酸含量高且轻度氢化的植物油、棕榈油。油炸时的高温会导致许多理化性质发生变化。油温过高（>200℃）会产生有毒物质，因此用油要避免过多的反复使用。

（2）热风干燥

①热风干燥的基本原理。热风干燥是生产非油炸方便面的主要干燥方法。热风干燥工艺是使面块表面水蒸气分压大于热空气中的水蒸气分压，使面块的水蒸发量大于吸附量，从而使面块内部的水分向外逸出并被干燥介质带走，达到干燥的目的。

②热风干燥的工艺技术要求。干燥时热风温度保持在70~85℃，干燥介质的相对湿度低于70%，干燥时间一般为30~60min。

传统热风干燥的主要缺点是干燥时间较长、成品复水性较差。可采用微波—热风干燥法、冷冻—热风干燥法、高温—热风干燥法或添加表面活性物质改善成品的复水性。

8. 冷却

干燥后的面块必须要进行冷却处理才能够检测包装，因为经热风干燥或油炸后的面块输送到冷却机时温度仍在50~100℃。如果不冷却直接包装，会使包装内产生水蒸气，易导致产品吸湿发霉，所以，冷却的目的主要是为了便于包装和储存，防止产品变质。冷却方法有自然冷却和强制冷却。冷却时间一般约3~5min。

9. 着味

将一些着味物质在和面时加入，或者在脱水干燥前后喷洒在面块上，给面块本身着味，可以满足方便面干吃的要求，也使方便面的风味更加完美。

在和面时加入调味料，方法简单，不需要专门的设备。但是一些在高温条件下不稳定的调味料会有不同程度的损失，甚至发生一些化学反应生成对人体有害的物质。有些调味料还可能对面团的性能产生不良的影响。芳香物质的挥发性较强，不宜在干燥脱水前加入。

在面条蒸熟、定量切断后喷洒调味料，可以避免其对面团性能的影响，但干燥时仍会有部分损失。

在干燥以后着味，可以减少损失，但会增加面块表面的水分，影响其保藏性能。另外，还要进行热风补充干燥，需要增加设备。

10. 检测、包装

从冷却机出来的面块由自动检测器进行重量和金属等检测后才能配上合适的调味料包进行包装。一般在面块进包装机之前安装一台重量、金属物检测机，面块连续进入检测机的传送装置，其自动测量系统就可以迅速测量出超过重量标准和含有金属物的面块，并用一股高速气流或机械拨杆把不合格的面块推出传送带，由此来保证面块的质量。

方便面包装包括整理、分配输送及汤料投放、包封等工艺。方便面的包装形式主要有袋装、碗装和杯装三种。袋式包装方便面在我国方便面生产行业中是产量最多的产品。袋式包装材料一般采用玻璃纸和聚乙烯复合塑料薄膜，或使用聚丙烯和复合塑料薄膜等，通过自动包装机完成包装。

（四）调味汤料

调味汤料是方便面的重要组成部分，不同的汤料可以形成多种不同的产品。生产调味汤料的原料种类很多，如咸味剂、鲜味剂、甜味剂、香辛料、风味料、香精、油脂、脱水蔬菜、着色剂等。在实际生产中，应根据消费者的喜好及产品的定位来选择原料并合理调配。调味汤料的形态有粉状、颗粒状、膏状和液体状等。调味汤料配方实例见表1-3、表1-4。

表1-3　牛肉汤料　　　　单位:%

配料	含量	配料	含量	配料	含量
味精	9.00	姜粉	0.05	葡萄糖	11.25
黑胡椒粉	0.15	呈味核苷酸	0.20	牛肉精	9.90
精制食盐	59.20	洋葱粉	0.10	韭菜粉	0.10
琥珀酸钠	0.50	焦糖色素	1.70	柠檬酸	0.30
大蒜粉	0.05	豆芽粉	2.00	粉状酱油	5.50

表1-4　辣味汤料　　　　单位:%

配料	含量	配料	含量	配料	含量
精制食盐	60.27	胡椒粉	2.17	芥末粉	1.75
榨菜粉	4.56	砂糖	7.51	咖喱粉	3.12
大蒜粉	2.13	辣椒粉	3.78	姜粉	1.89
味精	10.70	花椒粉	2.12		

第二节　大豆制品加工技术

一、豆腐

我国近代大豆专家李煜赢曾说："西人之牛乳与乳膏，皆为最普及之食品；中国之豆浆与豆腐亦为极普及之食品。就化学与生物化学观之，豆腐与乳质无异，故不难以豆质代乳质也。且乳来自动物，其中多传染病之种子；而豆浆与豆腐，价较廉数倍或数十倍，无伪作，且无传染病之患。"据研究，整粒大豆的消化率为 65%，制成豆浆后的消化率 83.9%，制成豆腐则可达到96%，可见大豆加工成豆腐后其蛋白质的吸收利用率大大提高。

（一）豆腐加工原理与工艺流程

豆腐的加工经过千百年的发展，除了机械化和自动化程度有差别以外，生产原理基本上都是一致的。首先是经水浸泡使大豆软化，大豆蛋白体膜质地由硬变脆最后变软，又经磨浆与浆渣分离，蛋白质溶解于水，并呈溶胶态，然后通过蒸煮、加入凝固剂使蛋白质变性形成凝胶，最后经压制成型就得到了豆腐。制作豆腐的工艺流程如下。

选料→浸泡→磨浆→过滤→煮浆→点脑→蹲脑→破脑→浇制→加压成型→冷却→成品。

（二）加工技术要点

1. 选料

选用颗粒饱满、色泽黄亮的优质新豆为原料，不宜选用陈豆。将原料大豆筛选，去掉生霉、虫蛀的颗粒及其他杂物，去皮。

2. 浸泡

将精选、去皮后的大豆投入水中浸泡，使其吸水膨胀。浸泡加水量为大豆的 2~4 倍。浸泡时间冬季 16~30h，春、秋季 8~12h，夏季 6h 左右。要求浸泡至大豆的两瓣劈开后成平板。

3. 磨浆

磨浆是将吸水后的大豆用磨浆机粉碎而制备生豆浆的过程。大豆蛋白体膜破碎后，蛋白质分散于水中，形成蛋白质溶胶，称为生豆浆。

磨浆一般采用三道磨制。在浸泡好的大豆中加入三浆水进行磨制，并掌握流速，保持稳定，可得到头浆和头渣；头渣加适量三浆水或清水搅拌均匀，然后磨制得到二浆和二渣；二渣加适量清水磨制得到三浆，三浆再作头磨用水。头浆、二浆合并成豆浆。磨浆黄豆与水的比例为 1：3，磨浆为便于过滤可加入 1.5% 的消泡剂或油渣。

4. 过滤

过滤是除去豆浆中的豆渣，调节豆浆浓度的过程。根据豆浆浓度及产品不同，过滤时的加水量也不同。豆渣不但使豆制品的口感变差，而且会影响到凝胶的形成。

过滤既可安排在煮浆前进行，也可安排在煮浆后。先过滤除去豆渣再把豆浆煮沸的方法，称为生浆法；先把豆浆加热煮沸后过滤的方法，称为熟浆法。

豆浆的过滤方法有很多，大体上可分为传统手工式和机械式过滤法两种。目前，小型手工作坊主要应用传统的过滤方法，如吊包过滤和挤压过滤。这种方法不需要任何机械设备，成本低廉，但劳动强度很大，过滤时间长，豆渣中残留蛋白质含量也较高。而较大的工厂则主要采用卧式离心筛过滤、平筛过滤、圆筛过滤等。卧式离心筛过滤是目前应用最广泛的过滤分离方法。它的主要优点是速度快、噪声低、耗能少、豆浆和豆渣分离较完全。

5. 煮浆

煮浆可使蛋白质变性，为点脑创造条件，煮浆还能够降低大豆豆腥味，消除对人体的不良因素。同时大豆蛋白在形成凝胶的同时，还能与少量脂肪结合形成脂蛋白，脂蛋白的形成可以使豆浆产生香气。它是豆腐生产过程中重要的环节之一。

（1）煮浆温度和煮沸时间 煮浆温度和煮沸时间应保证大豆中的主要蛋白质能够发生变性。另外，煮浆还可破坏大豆中的抗生理活性物质和产生豆腥味的物质，同时具有杀菌作用。因此，煮浆时一般应保证豆浆在100℃的温度下保持3~5min。

（2）豆浆的浓度　煮浆前要按照需要加入不同比例的水将豆浆的浓度调整好。一般来说，加水量越多，豆浆浓度降低，豆腐的得率就越高，但如果豆浆浓度过低，凝胶网络的结构不够完善，凝固后的豆腐水分离析速度加快，黄浆水增多，豆腐中的糖分流失过多导致豆腐的得率反而下降。因此，加水量应主要考虑所生产的豆腐品种以及消费者的喜好。

6. 凝固

凝固就是通过添加凝固剂使大豆蛋白在凝固剂的作用下发生热变性，使豆浆由溶胶状态变为凝胶状态。凝固也是豆腐生产过程中的重要工序之一，可分为点脑和蹲脑两个环节。

（1）点脑　点脑又称为点浆，主要目的是使大豆蛋白凝固，具体是指一定浓度的豆浆在彻底加热时，按一定的比例和方法加入凝固剂后转变为豆腐脑。豆腐脑是由大豆蛋白、脂肪及其充填在其中的水构成的胶体。

点脑是豆制品生产的关键，要使豆浆中的蛋白质凝固，必须具备两个条件：一是蛋白质发生热变性；二是添加凝固剂。目前常用的凝固剂有石膏、卤水、葡萄糖酸内酯等。

点脑要控制豆浆的温度在80~84℃，豆浆中蛋白质浓度为3%以上，pH值为6~6.5。点脑如用盐卤作凝固剂，卤水流量先大后小，快慢适宜，当浆全部成凝胶后方停止加卤。点脑如用石膏作凝固剂，膏液浓度为8%，用量为大豆干原料的2.5%左右，点脑温度要高，一般控制在85℃。

（2）蹲脑　蹲脑又称为涨浆或养花，是大豆蛋白凝固过程的继续。从凝固时间与豆腐硬度的关系来看，点脑操作结束后，蛋白质与凝固剂的凝固过程仍在继续进行，蛋白质网络结构尚不牢固，只有经过一段时间的凝固后，其组织结构才能稳固。蹲脑过程宜静不宜动，否则，已经形成的凝胶网络结构会因振动而破坏，使制品内在组织产生裂隙，外形不整，特别是在加工嫩豆腐时表现更为明显。不过，蹲脑时间过长，凝固物温度下降太多，也不利于成型及以后各工序的正常进行。

7. 成型

成型就是把凝固好的豆腐脑放入特定的模具内，通过一定的压力，榨出多余的黄浆水，使豆腐脑紧密地结合在一起，成为具有一定含水量、一定弹性和韧性的豆制品。成型后，南豆腐的含水率要在90%左右，北豆腐的含水率要在80%~85%。豆腐的成型主要包括破脑、上脑（又称上箱）、压制、出包和冷却等工序。

破脑是把已形成的豆腐脑进行适当破碎，不同程度地打散豆腐脑中的网络结构，在上箱压榨前从豆腐脑中排出部分黄浆水。破脑程度既要根据产品质量的要求确定，又要适应上箱浇制工艺的要求。南豆腐的含水量较高，可不经破脑，北豆腐只需轻轻破脑，脑花大小在8~10cm为宜，豆腐干的破脑程度宜适当加重，脑花大小在0.5~0.8cm为宜，而生产干豆腐时豆腐脑则需完全打碎，以完全排出网络结构中的水分。

豆腐的压制成型是在豆腐箱和豆腐包内完成的，使用豆腐包的目的是在豆腐的定型过程中使水分通过包布排出，从而使分散的蛋白质凝胶连接为一体。豆腐包布网眼的目数与豆腐制品的成型有相当大的关系。北豆腐宜采用空隙稍大的包布，这样压制时排水较畅通，豆腐表面易成"皮"。南豆腐要求含水量高，不能排出过多的水，则必须用细布。为使压制过程中蛋白质凝胶黏合得更好，除需一定的压力外，还必须保持一定的温度和时间。

（1）**压力** 压力是豆腐成型所必需的，但一定要适当。加压不足可能影响蛋白质凝胶的黏合，并难以排出多余的黄浆水。加压过度又会破坏已形成的蛋白质凝胶的整体组织结构，而且加压过大，还会使豆腐表皮迅速形成皮膜或使包布的细孔被堵塞，导致豆腐排水不足，内外组织不均。一般压制压力在 1~3kPa，北豆腐压力稍大，南豆腐压力稍小。

（2）温度 开始压制时，如豆腐温度过低，即使压力很大，蛋白质凝胶仍然不能很好黏合，豆腐水不易排出，生产的豆腐结构松散。一般豆腐压制时的温度在 65~70℃。

（3）时间 豆腐压制成型时，还需要一定的时间，时间不足不能成型和定型。而加压时间过长，会过多地排出豆腐中应持有的水。一般压榨时间为 15~25min。

豆腐压制完成后，应在水槽中出包，这样豆腐失水少、不粘包、表面整洁卫生，可以在一定程度上延长豆腐的保质期。

二、腐竹

腐竹，又称腐皮、豆腐皮、豆腐衣、豆笋等，它是由热变性蛋白质分子聚合体借副价键聚结而成的蛋白质膜。

（一）工艺原理

豆浆是一种以大豆蛋白为主体的溶胶体，大豆蛋白以蛋白质分子集合体——胶粒的形式分散于豆浆之中。而大豆脂肪是以脂肪球的形式悬浮在豆浆里。豆浆煮沸后，蛋白质受热变性，蛋白质胶粒进一步聚集，并且疏水性相对升高，因此熟豆浆中的蛋白质胶粒有向豆浆表面运动的倾向。当煮熟的豆浆保持在较高的温度条件下时，一方面豆浆表面的水分不断蒸发，表面蛋白质浓度相对增高，另一方面蛋白质胶粒获得了较高的内能，其运动加剧，这样使得蛋白质胶粒间的接触及碰撞机会增加，副价键容易形成，因而聚合度加大形成蛋白质膜，蛋白质以外的成分在膜形成过程中被包埋在蛋白质网状结构之中。随着时间的推移，薄膜越结越厚，到一定程度揭起烘干即为腐竹。腐竹蛋白质含量达50%左右。

（二）工艺流程

选料→脱皮→浸泡→磨浆→煮浆→过滤→加热→保温揭竹→烘干→包装。

（三）加工技术要点

1. 选料至煮浆

与豆腐加工基本相同。

2. 保温揭竹

将煮透过滤后的豆浆倒入锅内，用文火加热，使锅内温度保持在 85~95℃，同时不断向浆面吹风。豆浆在接触冷空气后，表面就会自然凝固成一层约 0.5mm 厚的油质薄膜，然后用小刀从中间轻轻划开，使浆皮成为两片，再用手分别提取。浆皮提取遇空气后，便会顺流成条。每 3~5min 形成层浆皮后揭起，直至锅内豆浆揭干为止。

3. 干燥

将挂在竹竿上的浆皮送到干燥室，在 35~45℃ 的温度条件下干燥 24h，使其脱水。要求干燥均匀，特别是浆条搭接处或接触处含水量不能太高。干燥后即成腐竹，要求腐竹含水量在 8%~12%。

（四）腐竹加工中注意的问题

1. 豆浆浓度

腐竹生产对豆浆浓度有一定的要求。豆浆浓度低，蛋白质含量少，使得能耗加大。一般豆浆固形物含量为 5.1% 时，腐竹出品率最高。但固形物含量超过 6% 时，由于豆浆形成胶体速度过快，腐竹出品率反而降低。

2. 揭竹温度

在长时间加热保温揭竹过程中，豆浆中的糖类受热分解为还原糖。豆浆中的氨基酸，特别是赖氨酸和苏氨酸与还原糖反应生成类似酱色的色素。这不仅影响腐竹的色泽，而且造成某些氨基酸损失，从而降低了蛋白质的营养价值。因此，应通过控制温度，避免还原糖的大量产生。

3. 豆浆的酸碱度

在加热揭竹过程中，豆浆的 pH 值会因有机物的分解而逐渐下降，且温度越高，下降越快。在一般情况下，豆浆的初始 pH 值为 6.5 左右。如果豆浆的 pH 值低于 6.2，豆浆便会出现黏稠状，表面结皮龟裂、不成片。试验表明，pH 值为 9 时，腐竹的得率最高，但颜色较暗，因此 pH 值 7~8 为最佳。

4. 通风换气

加热揭竹车间要求空气通畅，这样浆皮表面蒸发的水蒸气易及时排出，有利于揭成浆皮。如果通风不畅，豆浆表面的水蒸气分压过高，不利于水分蒸发，从而不利浆皮的形成。

5. 分离大豆蛋白的添加

豆浆中分离大豆蛋白浓度为 1.5%~3.0% 时，腐竹出品率提高。因此，往豆浆中添加少量分离大豆蛋白能有效地提高腐竹的出品率。

6. 磷脂的添加

往豆浆中添加 0.1% 的磷脂对腐竹出品率有明显促进作用。磷脂是大豆蛋白膜的表面活性剂，它能促使大豆蛋白膜胶态分子团的形成。磷脂可以与分离大豆蛋白开放的多肽键进行反应，形成脂-蛋白质复合物或将分散的蛋白质吸附在大豆蛋白质薄膜上。可见磷脂是腐竹生产中十分有用的乳化剂。

7. 脂类的添加

脂类的乳化作用对腐竹薄膜的形成有促进作用。为此，在腐竹生产时，往豆乳中添加浓度为 0.02% 的红花油少量，能促进腐竹成皮速度。

三、腐乳

腐乳又称豆腐乳，是我国独有的传统发酵大豆食品，其风味独特、口味鲜美、质地细腻、营养丰富。自明清以来，中国腐乳的生产规模与技术水平有了很大的发展，形成了各具特色的地方名特产品。中国腐乳产品遍及全国各地，由于各地口味不一，制作方法各异，因而产品种类很多，基本上按产品的颜色和风味分类，可分为红腐乳、青腐乳、白腐乳、酱腐乳、糟腐乳、风味腐乳等。

（一）工艺原理

以豆腐坯为培养基培养微生物，使菌丝长满坯子表面，形成腐乳特征，同时分泌大量以蛋白酶为主的酶系，为后发酵创造催化成熟条件。目前国内采用此工艺的占绝大多数。

（二）腐乳加工的工艺流程

大豆→浸泡→磨浆、煮浆→过筛→点浆→撒浆→上榨→压榨→划块、摆架→接种→前期发酵→搓毛→腌坯→装瓶、加汁→上盖→摆瓶→后期发酵→成熟→换盖→成品。

（三）加工操作技术要点

1. 大豆磨浆

依照豆腐加工方法，经选料、浸泡、磨浆与过滤等工序加工成浓度为 6~6.5 波美度的生豆浆。豆浆要求细腻、均匀，无粒状感，呈乳白色。

2. 煮浆、点浆

煮浆时，要求 20min 内达到 100℃，最多不应超过 30min，否则点脑时不易凝聚成块。煮浆必须一次性煮熟，严禁复煮。熟浆过 60~80 目筛，除去熟豆渣，放入豆浆缸中，待熟浆温度至 80~85℃时，用勺搅动豆浆，使其翻转。

点浆时，先将 28 波美度盐卤稀释成 16~18 波美度盐卤，然后缓缓滴入浆中，直至蛋白质渐渐凝固，再把少量盐卤浇于面上，使蛋白质进一步凝固，静置养浆 10min。点浆要求 5min 内完成，点浆时温度在 85℃ 为适宜，当温度高于 90℃ 时制成的乳坯发硬，会变脆且呈暗红色；当温度低于 75℃ 时会出现乳坯松散、不易成脑、弹性较差等状况。盐卤用量一般是 1 200kg 豆浆用 28 波美度盐卤 10kg。

3. 制坯

蹲脑后，豆腐花下沉，用筛箩滤去黄浆水或撇去约 60% 的黄浆水，除去浮膜，即可上箱；把呈凝固状态的豆脑倒入框内，梳平，花嫩多上，花老少上，缸面多上，缸底少上；然后用布包起，取下木框，加上套框，再加榨板 1 块，如上操作，直至缸内豆腐花装完。保持榨板平衡，缓缓压榨，将压成的整板坯块取下，去布平铺于板上，加以整理。划坯时，应避免连刀歪斜，同时剔除不合格的坯块。趁热划块，平方面积宜比规格要求适当放大。划好的坯块置于凉坯架上冷却。坯块要求厚薄均匀，轻而有弹性，有光泽，无水泡及麻面，水分在 75% 左右。

4. 前期发酵

前期发酵多采用三面接菌法。首先把培养好的毛霉加入烘干的面粉中，充分混合，将混合后的菌粉均匀撒在豆腐坯表面，然后放入笼内转移到发酵室。接种时要求干坯温度冷却至 25~30℃。将前发酵豆腐坯接种入室后的前 14~16h 为静置培养期，发酵室温度一般控制在 28℃，保持坯温 26~28℃，笼内铺湿布，以保持湿度。经过 16~20h 后，要求上下倒笼，其目的是调节温差、散热、补充氧气。约 24~26h，毛霉菌丝长度达 8~10mm，菌丝体致密，毛坯呈小白兔毛状即可搓毛，前期发酵结束。

5. 搓毛腌坯

搓毛是指将菌丝连在一起的毛坯一个个分离。毛坯凉透后即可搓毛，用手抹平长满菌丝的乳坯，让菌丝裹住坯体，以防烂块，把每块毛坯先分开再合拢，整齐排列在筐中待腌，要求边搓毛边腌坯，防止升温导致毛坯自溶，影响质量。准确计量毛坯，在缸底撒一层盐，再将毛坯整齐摆在上面，每摆一层撒一层盐。

在腌坯时，要求坯与坯之间互相轧紧，用盐底少面多，其间要浇淋，使池中坯块盐分上下均匀一致。上层放一层竹垫，用重物平稳压住。腌坯第二天加卤，使坯没于 20 波美度盐卤中，用盐量为 16% ~ 17%（以毛坯计），腌坯含盐量为 12% ~ 14%，腌坯时间为 5 ~ 6d。在腌制过程中添加不同的配料，经发酵可制得不同风味的腐乳。

6. 装瓶

装瓶前一天将卤水放出，放置 12h，使腌坯干燥、收缩；将空瓶洗净、倒扣，消毒后待用；将腌坯取出，每块搓开，分层均匀撒入面曲。腌坯装瓶后，配卤，最后加入黄酒，瓶口用薄膜扎紧，加盖密封，入库堆放。装瓶时，坯与坯之间要松紧适宜，排列整齐，计数准确。

7. 后期发酵

将事先配好的卤汁分数次加入瓶内，过程需 4 ~ 6d，最后用酱曲封顶，以塑料薄膜扎口，即进入后发酵期。装瓶后在 28 ~ 30℃ 发酵 30d。

8. 成品

腐乳成熟后，进行整理，用冷开水清洗瓶外壁，擦干，打开瓶盖，去除薄膜，用 75% 酒精消毒瓶口，调节液面到瓶口 10 ~ 12mm 处，加盖、贴标、装箱入库。

（四）腐乳加工过程中常见的几种质量问题

由于生产工序较多，在某一处操作不当，即会造成腐乳质量问题。就目前生产情况来讲，经常会出现各种不同程度的质变现象，如产品发硬、粗糙、发霉、发酸、发黑、发臭、易碎、酥烂及出现白点等。

1. 发硬与粗糙

在腐乳酿造过程中，由于操作不当，会造成豆腐坯过硬与粗糙，其原因主要有以下几个方面。

（1）豆浆纯洁度不佳　在制浆分离时，使用的豆浆分离筛网过粗，造成豆浆中混有较多的粗纤维，这些纤维随蛋白质凝固混于腐乳白坯之中，使白坯中豆渣纤维含量太多，这样既减小了白坯的弹性，又使白坯发硬与粗糙，同时也影响了出品率。筛网一般为 96~102 目。

（2）豆浆浓度不够　在磨浆及浆渣分离时，加水量过大，造成豆浆浓度小，蛋白质含量少。在点浆时大剂量凝固剂与少量蛋白质接触，导致蛋白质过度脱水，使白坯内部组织形成粗粒的鱼子状，称"点煞浆"，从而造成白坯发硬与粗糙。

（3）点浆温度控制不佳　白坯的硬度与豆浆加温蛋白质热变性、豆浆的冷却及时间有一定关系。若点浆温度过高，加快凝固速度，进而使其固相包不住液相的水分，因而制出的白坯结实与粗糙，因此点浆最佳温度般控制在 75~85℃。

（4）凝固剂浓度过大　白坯的硬度与凝固剂浓度有直接关系，凝固剂浓度过大，会促使蛋白质凝固加快，造成保水性差，导致白坯质地坚硬、结构粗糙。

（5）用盐量过大　在腌坯时主要是使坯身渗透盐分，析出水分，把坯中含量为 68% 的水分降为 54%，这样有利于后发酵。由于用盐量过多，腌制时间过长，使蛋白质凝胶脱水过度，造成坯子过硬，阻碍酶的水解，俗称"腌煞坯"。一般咸

坯食盐应控制在 12%~14%。

2. 发霉与发酸

腐乳发霉亦称生白及浮膜。发霉的腐乳基本上呈偏酸性，而发酸的腐乳不一定是发霉。产生原因主要是工艺操作不当。在生产过程中，从制坯、毛霉接种、前期发酵（培菌）、腌制、配料直到装坛（瓶），基本上是处于敞开式生产，如在某个环节操作不当，就容易造成腐乳发霉与发酸。造成发霉与发酸大致有以下几方面原因。

（1）制坯 工艺流程中的浸泡、磨浆、浆渣分离、煮浆、点浆、上箱及成型等步骤均与水有着密切关系，在煮浆之前用水一直使用生水，但在煮浆之后的工序操作中，则严禁与生水接触，因生水中含有多种微生物，如生水进入中间体后，在适宜条件下，这些微生物就会生长，导致后发酵发霉与发酸。

（2）食盐及酒精用量不当 在腌坯时食盐有渗透作用，同时析出毛坯中的水分，使毛坯达到一定咸度，一般咸坯的咸度应控制在 12%~14%。如果用盐量没有达到腐乳后发酵要求，则起不到抑制微生物的酶系作用，容易导致发霉与发酸。酒精浓度不足也同样如此。

（3）消毒灭菌不彻底 从接种、培养到翻格笼等操作均是暴露在空气中，若空气不清洁，就会有多种微生物污染豆腐坯表面，特别是酵母和芽孢杆菌，在后发酵中，遇有适宜条件，酵母和芽孢杆菌生长繁殖，就能使腐乳发霉与发酸。

3. 发黑与发臭

白腐乳置于容器中发酵，有时会出现瓶子内的腐乳面层发黑，或者是离开卤汁后逐渐变黑，这都是一种褐变。褐变大体上分为酶促褐变和非酶促褐变。发生酶促褐变必须具有 3 个条件，即具多酚类、多酚氧化酶和氧，其中缺一不可，非酶促褐变主要是美拉德反应，这种反应只要具有氨基酸、蛋白质、糖、醛、酮等物质，在一定条件下，就能产生黑色褐变。在腐乳中产生这种反应，不仅影响产品外观，同时也会影响腐乳中蛋白质的营养价值。

（1）防止白腐乳发黑的方法 缩短毛霉培养时间、控制毛霉老熟程度是减少多酚氧化酶生成和积累的有效措施。若培养时间过长，毛坯的水分挥发过大，有利于氧化酶和酪氨酸酶的生成和积累。所以不要使毛霉生长过老呈灰色，培养时间以36~40h为佳。控制发酵房湿度及毛坯含水量是防止发黑措施之一。一般发酵房相对湿度控制在95%左右，坯子水分掌握在71%~74%，品温在28~30℃。减少美拉德反应的措施是在白腐乳配料中，控制碳水化合物含量，使腐乳中还原糖控制在2%以下。产品中不添加面曲，因为面曲中含有氨基酸、糖分及色素等物质。

（2）防止白腐乳发臭的方法 白腐乳发臭与臭腐乳的制作工艺不同，前者由于操作工艺不当，造成腐乳变质而发臭，不该臭的面臭了。后者是使用工艺不同，且添加配料不同而制成的臭腐乳。

白腐乳发臭的主要原因有2种。一是在酿造中，煮浆未能使蛋白质变性，点浆（凝固）不到位，这是造成发臭原因之一。因此煮浆要求达到100℃，点浆凝固时缸中要有分层的黄浆水出现。白坯水分应控制在71%~74%。二是由"一高二低"所造成，所谓"一高二低"就是在后发酵中出现白坯含水分高、盐分低、酒精度低。由于这"一高二低"的产生，导致蛋白质加快分解，促使生化作用加速，生成硫化氢的臭气。因此存放时间就不能太长，否则就会造成发臭。

4. 易碎与酥烂

（1）造成腐乳易碎的原因

①豆浆浓度控制不当。在磨豆、浆渣分离时操作不当，用

水量过多，降低了豆浆中蛋白质浓度。在点浆时大量凝固剂与少量蛋白质接触，使蛋白质过度脱水收缩，形成细小颗粒状。则腐乳成熟后就会出现松散易碎。豆浆浓度一般为 6~6.5 波美度。

②消泡剂使用量过大。在制浆与煮浆操作中，由于物理作用，使豆浆中生成大量的蛋白质泡沫，这些泡沫坚厚、表面张力大、内外气压相等。泡沫不能自破，必须采用消泡剂消泡，因消泡剂在自身的破解过程中能产生巨大的激动力量，使液面波动，促使消泡剂渗透，因而达到消泡的目的。但是由于使用不适当，操之过急，加大使用量，给蛋白质凝固联结造成困难，在蛋白质联结处增添了一层隔膜，影响蛋白质联结，造成坯子易碎。

③热结合差。造成坯子热结合差的原因是点浆温度太低（特别在冬季更要注意），蹲脑时间过长，品温下降，其次是在上箱成型时，操作速度太慢，温度降低，导致豆脑与豆脑之间的热结合差，使腐乳成熟后容易松散易碎。

④杂菌污染。在培养毛霉时，由于菌种纯度不佳，抵抗力差，其次是发酵房、工具及用具不卫生且没有及时消毒和清洗，被杂菌污染，一般 14h 后产生"黄衣"和"红斑点"等杂菌，结果毛坯无菌丝、表面发黏发滑，并且发酵室内充满游离氨味。这种腐乳坯因无菌丝，不形成菌膜皮，所以易碎。

(2) 造成腐乳酥烂的原因

①凝固品温低。凝固品温一般控制在 75~85℃。凝固品温低，蛋白质结合缓慢且不完全，有较多的蛋白质不能结合而随废水流失。由于持水性关系，坯子难以压干，坯子嫩，成熟后容易酥烂。

②操作不当。造成腐乳"一高二低"现象，导致蛋白质过度分解，坯子无骨分，使其酥烂。

5. 预防或减少腐乳中白点形成的方法

腐乳成熟过程中，在其表面生成一种无色的结晶体及白色小颗粒，白腐乳更为明显，大部分附在表面菌丝体上，严重影响了腐乳的外观质量。此现象的出现是毛霉起主导作用，从多年生产实践看，菌丝体呈浅黄色，毛霉菌丝生长越旺，其白点物质积累越多，反之就少。因此白腐乳的前发酵时间最好是36~40h。

第二章　果品加工技术

第一节　果汁加工技术

一、果汁加工工艺

(一) 果汁的工艺流程

水果原料和果汁产品虽然多种多样，但是基本生产原理和生产工艺大体是相同的。主要的生产过程都是原料选择、清洗和挑选、破碎、打浆、榨汁或浸提、调整与混合、杀菌、灌装等工序。同时，不同的果汁品种需要增加特定的工序。比如澄清汁需要澄清和过滤，混浊汁需要均质和脱气，果肉饮料需要预煮和打浆，浓缩汁需要浓缩等。

各类果汁的生产工艺流程如图 2-1 所示。

生产优质的果汁类饮料，必须要有优质的原料、合理的加工工艺、先进的设备和严格科学的质量管理。

(二) 果汁的加工要点

1. 原料的选择

大部分水果都适合制汁，常用的水果原料有柑橘、苹果、梨、葡萄、菠萝、草莓、猕猴桃、黑加仑、山楂、杏、番石榴、桑葚等。加工果汁饮料一般要求原料具有较好的感官品质和营养价值，较高的出汁率；成熟度适中、糖酸比适宜、耐贮运及商品价值高；新鲜、无损伤、无病虫、无腐烂霉变。

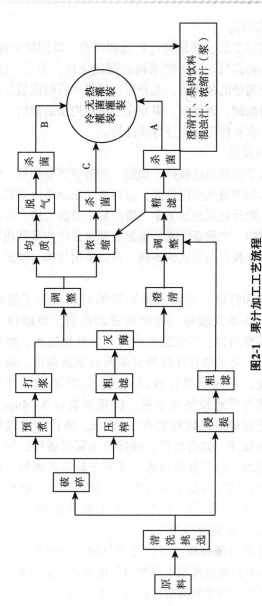

图2-1 果汁加工工艺流程

A. 澄清汁工艺；B. 混浊汁与果肉饮料工艺；C. 浓缩汁（浆）工艺

2. 清洗和挑选

水果原料加工前，必须进行挑选和清洗，以剔除未成熟果、霉变腐烂果和损伤果实，去除原料表面的泥沙、尘土、微生物、农药残留以及携带的枝叶等，充分保证最终产品的质量。清洗时可添加一些清洗剂、消毒剂，需要注意洗涤用水的清洁，防止原料被水污染，也有使用超声进行清洗的。

3. 压榨与浸提

取汁是水果原料通过破碎、加热、加酶等预处理后，细胞中的可溶性固形物渗透到细胞外面，进而被挤压分离出来或进入浸汁中的过程。取汁是果蔬加工中一道非常重要的工序，取汁方式是影响出汁率的一个重要因素，也影响到水果汁产品品质和生产效率。根据原料和产品形式的不同，可以采用压榨、浸提等不同的取汁方式。

(1) 破碎和打浆 破碎水果原料的目的是为了提高出汁率，尤其是一些果皮较厚、果肉致密的原料。破碎程度要适中，果块大小要均匀，不宜过大或过小。果块过大，影响出汁率；果块过小，会造成榨汁时外层果汁被迅速榨出，剩余果渣形成一层厚皮，使内层果汁难以流出，同样影响出汁率。苹果、梨、菠萝等质地较坚硬水果，破碎果块以 3~4mm 为宜；樱桃、草莓等破碎后果块控制在 3~5mm。果汁含量较低原料通常采用浸提取汁，如山楂等，浸提前也需要破碎，但不宜过度，否则会增加过滤和分离困难。成熟度较高的原料，可直接破碎打浆取汁，破碎程度主要取决于打浆机筛孔。破碎和打浆需要采用措施防止氧化，如在密闭环境下破碎、充入氮气（N_2）、添加抗坏血酸液抑制等。

(2) 取汁前的预处理 预处理的目的在于提高果汁的出汁率，不同的水果品种应采用不同的预处理方式。常用的预处理方法有热处理法和添加果胶酶酶解法（表2-1）。

表 2-1　不同预处理方法的比较

方法	预处理操作	方法优点
热处理	加热温度为 60~80℃，最佳为 70~75℃，时间 10~15min；或高温瞬时加热，温度 80~90℃，时间 1~2min	软化果蔬组织，提高细胞的通透性，有利于细胞中可溶性物质、色素及风味等的提取；钝化酶活，尤其是多酚氧化酶活性，保持果汁的色泽；适度加热可以降低果汁的黏度，便于榨汁，提高出汁率
果胶酶酶解	酶制剂添加量为果蔬浆质量的 0.01%~0.03%，温度 45~50℃，酶解时间 2~3h	果胶是维持水果组织的重要成分。在果汁加工中，果胶会影响出汁率和果汁稳定性；果胶含量较高的果实如苹果、樱桃、猕猴桃等黏度大，不易出汁，需要在榨汁前添加果胶酶进行酶解

生产中通常将热处理和酶解处理相结合，先将果浆在 90~95℃下杀菌，然后冷却至 45~50℃加酶酶解。20 世纪 80—90 年代，丹麦诺和诺德公司先后开发出最佳果浆酶解工艺（OME）和现代水果加工技术（AFP），使出汁率分别提高至 85%和 96%以上。

（3）压榨　压榨是利用机械挤压力将果汁从水果或果浆中挤出的过程。大多数原料都可以通过压榨取汁，但是柑橘类水果，直接压榨会使果皮、囊皮、种子中的苦味物质进入果汁，影响成品质量，因而需要逐步榨汁。石榴由于果皮中含有大量单宁物质，需要先去皮再榨汁。

用于果汁压榨取汁的榨汁机主要有带式榨汁机、液压式榨汁机、卧式螺旋式榨汁机、螺旋式榨汁机、裹包式榨汁机、柑橘全果榨汁机和切半式榨汁机等。可以根据果蔬原料、榨汁方式、生产量进行选择。苹果、梨等仁果类水果常用的榨汁机是液压式榨汁机、带式榨汁机（图 2-2）。

果实的出汁率受原料种类、品种、质地、成熟度、新鲜程度、加工季节、榨汁机效能、挤压力、挤压速率、果蔬破碎程度、挤压料层厚度等多种要素影响。出汁率计算公式表示为：

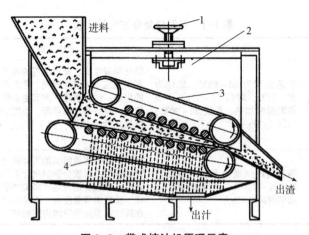

图2-2 带式榨汁机原理示意

1. 压榨比调节手轮；2. 动墙板；3. 上履带；4. 下履带

$$出汁率(\%)=\frac{得到的汁液质量}{原料质量}\times100$$

一般以浆果类果蔬压榨的出汁率最高，柑橘类和仁果类较低。

（4）浸提 浸提是将破碎的水果原料浸泡在水中使其可溶性固形物透过细胞进入浸提溶剂。不仅适用于果汁含量较低的水果，如山楂、酸枣等，而且通常用于压榨取汁的苹果、梨等水果，可减少果渣中有效物质含量，提高提取率。浸提效果通常采用浸提率来评价，可按下式计算：

$$浸提率(\%)=\frac{单位质量果蔬被浸出的可溶性固形物质量}{单位质量果蔬中的可溶性固形物质量}\times100$$

$$或 \quad =\frac{浸液浓度\times浸液质量}{果蔬中可溶性固形物含量\times果蔬质量}\times100$$

浸提率和出汁率是不同的。水果浸提汁并非水果原汁，而是果汁和水的混合物。影响浸提率的因素很多，主要有浸提液体积、浸提温度、浸提时间和果实破碎程度等因素。浸提取汁方法主要有一次浸提法、多次浸提法、罐组式逆流浸提法和连续式逆流浸提法等。

与压榨法相比，用浸提法提取的水果可溶性物质更加充分，而且浸液中还含有色素、芳香性物质等。因而色泽较鲜艳，芳香性成分高，而且浸液中单宁含量高利于澄清。热浸提溶解性氧降低，果汁受氧化程度也降低，而且热处理还具有巴氏杀菌和灭酶作用。因此现在浸提法除用于干果外，也适用于苹果、梨等果汁和蔬菜汁的生产，有时还和压榨法结合在一起使用。

4. 粗滤

粗滤又称筛滤，目的是去除果汁中的粗大颗粒或悬浮粒。粗滤可在榨汁过程进行，也可榨汁后单独操作。设有固定分离筛或离心分离装置的榨汁机上，榨汁、粗滤可同时进行。单独粗滤设备一般用筛滤机，有水平筛、振动筛、圆筒筛、回转筛等，滤孔直径大小在 0.5mm 左右。板框过滤机也可用于粗滤（图 2-3）。

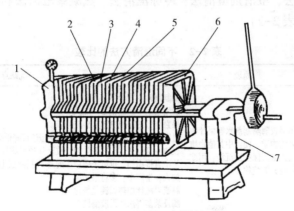

图 2-3 板框过滤机

1. 固定端板；2. 过滤板；3. 滤布；4. 滤框；5. 洗涤板；6. 可动端板；7. 支撑横梁

5. 澄清与过滤

澄清是生产澄清果汁的关键工序。澄清和过滤的目的是要除去新鲜榨出汁中的全部悬浮物和容易产生沉淀的胶粒。悬浮物包括发育未完全的种子、果心、果皮和维管束等颗粒以及色粒。除色粒外，主要成分是纤维素、半纤维素、酶、糖苷和苦味物质等，对果汁的质量和稳定性有较大影响，必须予以去除。果汁中的亲水胶体主要包括果胶质、树胶质、多糖和蛋白质等。这些亲水胶体带有电荷，当条件发生改变时，电荷中和、加热、与酸作用或脱水时，都会引起胶体凝聚沉淀。这些物质的去除需要用酶法处理和澄清剂澄清。常用酶制剂有果胶酶、淀粉酶等，澄清剂有明胶、硅胶、膨润土、单宁等。它们在果蔬汁中主要发挥 3 种作用：酶法分解果胶、淀粉的高分子成分；相反电荷中和破坏胶体电荷平衡发生凝聚沉淀；吸附除去蛋白质、多酚物质和其他成分。

（1）澄清 果汁生产中常用的澄清方法：酶法澄清法、自然澄清法、澄清剂澄清法、冷冻澄清法、热凝聚澄清法和超滤澄清法（表2-2）。

表 2-2 不同澄清方法的比较

方法	原理	操作	优缺点
酶法澄清法	用果胶酶酶制剂水解果汁中果胶物质，使汁中其他物质失去果胶保护而沉淀；用淀粉酶分解淀粉	酶制剂常用复合酶制剂，一般用量是干酶制剂 2~4kg/t 果蔬汁，pH 值 3.5~5.5，温度控制在 45~50℃，时间在 30~50min；可在新鲜榨汁中直接添加，也可杀菌后加入；生产中，多将果蔬原料或果蔬汁加热以钝化氧化酶及杀菌再添加果胶酶结合	酶法澄清可降低果汁黏度，改善汁的可滤性，提高汁的透明性和稳定性

（续表）

方法	原理	操作	优缺点
自然澄清法	粗滤后的果汁置于密闭容器中，经长时间静置，使悬浮物依靠重力自然沉淀，同时果胶质逐渐水解，黏度降低，蛋白质和单宁沉淀	需要一定时间静置；最好在1~2℃冷库内进行或添加山梨酸钾或亚硫酸盐等	适合含胶体物质较少的果汁；澄清时间长，不适合工业化生产
澄清剂澄清法	澄清剂与果汁某些成分产生物理或化学反应，使汁中混浊物质形成络合物，生成絮凝和沉淀	添加澄清剂，在一定温度下进行澄清；多种澄清剂组合，单宁-明胶、酶-明胶、硅胶-明胶、明胶-硅胶-膨润土	澄清效果好
冷冻澄清法	冷冻能改变胶体性质，解冻后可破坏胶体，凝聚沉淀	将果蔬汁置于-4~-1℃冷库内冷冻3~4d	对苹果汁、葡萄汁、草莓汁和柑橘汁效果好
热凝聚澄清法	果汁中的胶体物质和蛋白质加热变性又迅速降温而凝聚沉淀，同时加热还可灭酶和杀菌	在80~90s内升温至80~85℃，后在80~90s内冷却至室温	应用较为普遍，澄清同时还可杀菌
超滤澄清法	利用超滤膜孔选择性筛分作用，压力驱动下，把溶液中的微粒、悬浮物、胶体和高分子物质与溶剂和小分子质分开，澄清和过滤一次完成	压力控制在10MPa，温度控制在40~45℃，果汁流量在12~16m³/h；分离1 000~100 000U/g的微粒、胶体等	密闭回路，不受氧化影响；不相变，挥发性物质损失少；保留营养成分多；自动化程度高

从成品质量看，超滤是一种理想的果汁澄清法。为了提高膜的效率，同时提高汁的透过率，增加汁的稳定性，目前普遍采用酶法脱胶和超滤澄清相结合的生产工艺（图2-4）。

（2）过滤　除超滤以外，其他澄清方法得到的果汁都必须进行过滤，以分离其中的沉淀和悬浮物，使果汁澄清透明。悬浮物的分离可借助重力、加压或真空通过各种滤材而被除去。常用的方法有压滤、真空抽滤和离心分离等，过滤设备有袋滤器、板框过滤器、离心分离器等。

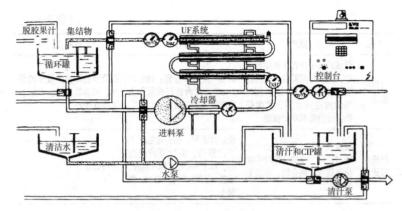

图 2-4 果汁超滤系统

6. 混浊果汁的均质与脱气

(1) 均质 均质是混浊汁与果肉饮料所必需的操作工序。目的是将果蔬汁中的悬浮果肉颗粒进一步破碎细化, 大小更加均匀, 同时促进果胶溶出和均匀分布, 形成均一稳定的分散体系。未经均质的果汁由于悬浮果肉颗粒较大, 放置一段时间后在重力作用下出现分层, 果蔬汁上部相对清亮, 下部混浊, 影响产品的感观质量。所以, 混浊汁必须进行均质处理。常用的均质设备有高压均质机、胶体磨和超声波均质机等。

高压均质机 (图 2-5) 是国内外公认的、最理想的均质、超细粉碎、乳化设备。其工作原理是物料在高压作用下, 高速通过一个可调节缝隙的均质阀, 受到高速撞击、剪切和失压产生类似爆炸的空穴作用等综合效应, 较大的颗粒被破碎并微细化, 生成直径在 $0.01 \sim 2 \mu m$ 范围内微细粒, 然后均匀地分布在果汁中, 形成相对稳定的乳化液。在果蔬汁加工中, 均质压力多控制在 $15 \sim 25 MPa$, 均质前要先滤去果汁中的大块果肉、纤维等。

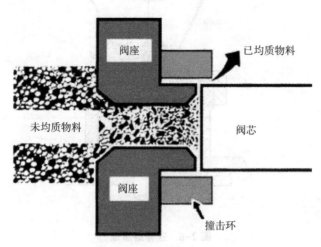

图2-5　高压均质机工作原理

胶体磨（图2-6）是由电动机带动转齿（或称为转子）与定齿（或称为定子）作相对的高速旋转，当果汁流经胶体磨时，进入定齿、转齿之间的0.05~0.075mm狭窄间隙受到强大的剪切力、摩擦力、高频振动等物理作用，使物料被有效地乳化、分散和粉碎，达到物料超细粉碎及乳化的效果。经过胶体磨，微粒细度可达到0.002mm以下。

超声波在液体中每秒产生数十万次震动，将液体振碎成大量微小气泡，这些气泡在连续的作用下，迅速增长后突然闭合，产生超强冲击波，在气泡周围产生几千大气压的压力和局部高温，此现象被称为超声波空化效应。超声波均质机就是利用20~25kHz超声波的空化效应产生的巨大能量对果汁中悬浮颗粒进行强烈的分散处理，同时还受到湍流、摩擦和冲击作用，因而颗粒被粉碎破坏，粒径变小，达到乳化均质的效果。

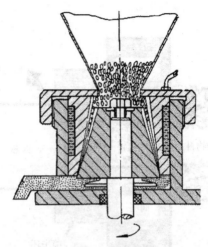

图 2-6　胶体磨原理

（2）**脱气**　脱气目的是脱除果汁中溶解的氧气，防止或减轻果汁中色素、维生素 C、香气物质和其他物质的氧化，防止包装容器内壁被氧化腐蚀，避免吸附气体的悬浮颗粒上浮，防止装罐和杀菌时产生气泡影响杀菌效果。

果汁脱气的方法有真空脱气法、气体替换法、酶法脱气法和抗氧化剂法等。

①真空脱气法（图 2-7）。果汁进行真空脱气时，液面上的压力逐渐降低，溶解在果汁中的气体不断逸出，直至两者之间压力相等，达到平衡状态，从而排出果汁中气体。

为了充分脱气，要求果汁温度比真空罐内脱气温度高 2~3℃，真空度为 90.7~93.3kPa。在脱气时，被处理的果汁的表面积要大，以利于脱气，常用的方法有离心喷雾、加压喷雾和薄膜喷雾等（图 2-7）。

②气体替换法。气体替换法原理是通过设备将氮气、二氧化碳等惰性气体压入果汁中，将果汁中的氧气置换出来，以达到脱

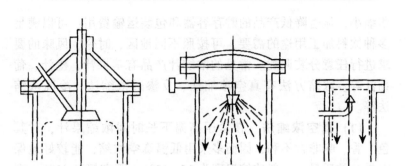

离心式　　　　　　　喷雾式　　　　　薄膜式

图2-7　真空脱气示意

气目的。排出氧的速度快慢取决于惰性气体进入后形成的气泡大小、脱气塔的高度以及气体和液体的相对流速。气泡越小，接触面积越大，排出氧的速度越快。脱气塔较高，气液相对流速较快，则气体被排出越快。

③酶法脱气法。在果汁中添加葡萄糖氧化酶，去氧效果显著。葡萄糖氧化酶是一种需氧脱氢酶，可使葡萄糖氧化成葡萄糖酸和过氧化氢。过氧化氢又被过氧化氢酶分解为水和氧气，氧气又将葡萄糖氧化成葡萄糖酸，从而氧气被消耗。脱氧的总反应式为：

$$\text{葡萄糖} + \frac{1}{2}O_2 \xrightarrow{\text{葡萄糖氧化酶、过氧化氢酶}} \text{葡萄糖酸}$$

④抗氧化法。抗氧化剂法就是在灌装果汁时添加少量的抗坏血酸等抗氧化剂，除去容器顶隙和果汁中的氧。

7. 果汁的浓缩

果汁的浓缩就是从果汁中去除部分水分。新鲜果汁的可溶性固体物质含量一般在5%~20%，通过浓缩可以将固形物含量提高到60%~75%。通过浓缩，可以提高糖度和酸度，增加化学稳定性，抑制微生物生长繁殖，有利于产品的长期保藏；体积缩小，显著降低产品的贮存容器和包装运输费用；可以满足多种饮料加工用途的需要，可按照不同地区、时令、风味的要求进行任意分装调配。常见的浓缩汁产品有苹果汁、橙汁、葡萄汁等。浓缩方法有真空浓缩法、反渗透浓缩法、冷冻浓缩法等。

（1）真空浓缩法　在常压高温下长时间浓缩果汁，对其色、香、味非常不利，因而多采用低温真空浓缩，能较好地保存果汁的质量。一般浓缩温度为 25~35℃，不宜超过 40℃，真空度为 94.7kPa 左右（710mmHg）。由于此温度很适合微生物的活动和酶的作用，因此，浓缩前应进行适当的瞬间杀菌和冷却。苹果汁比较耐热，浓缩时可以采取较高的温度，但也不宜超过 55℃。生产高浓度的浓缩果汁，浓缩之前需要进行脱果胶处理。

目前，真空浓缩使用的浓缩设备主要有离心式薄膜蒸发器、管式降膜蒸发器、管式升膜蒸发器、板式蒸发器等。蒸发浓缩所消耗的热量可以利用一次或多次，一次者称为单效蒸发，蒸发过程产生的二次蒸汽直接冷凝不再用于蒸发加热。若蒸发过程产生的二次蒸汽再次用于其他蒸发器的加热，称为多效蒸发。果汁的浓缩常采用降膜板式蒸发器。

（2）反渗透浓缩法　反渗透技术是一项新的膜分离技术（图 2-8），已经在果蔬汁和乳品的浓缩上广泛应用。反渗透浓缩主要是利用具有选择性的半透性膜，在高压作用下，果汁中的水透过膜，而其他水果成分被截留下来，被截留的果汁在设备中循环流动，不断被浓缩，直至达到规定的浓度。

目前，应用到果汁浓缩的反渗透膜主要是醋酸纤维膜和聚酰胺纤维膜，膜厚 0.1μm，能截留的分子量在 0.000 1~0.001 0μm。果汁采用反渗透浓缩具有常温不发生相变，能耗低，浓缩经济；无须加热，且密闭进行，不受氧气影响，产品质量和风味有保

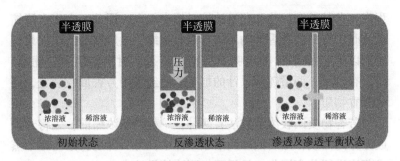

图2-8　反渗透原理

障；操作简便，容易安装等优点。

　　反渗透浓缩现在已应用到杏、樱桃、橙、桃和草莓等方向性强的果汁浓缩中，不过，由于果汁渗透压高，果汁中果胶和果浆附在膜表面生成凝胶层等的影响，果汁采用反渗透浓缩，一般只能浓缩2~2.5倍，浓缩极限约在30%的固形物含量。

　　综合考虑，反渗透浓缩果汁的浓度在25波美度左右。

　　（3）冷冻浓缩法　冷冻浓缩法是将果汁中的水进行冻结形成冰结晶，然后分离除去这种冰结晶，果汁中的可溶性固形物就可得到浓缩。冷冻浓缩包括冷却过程、冰晶的形成与扩大、固液分离3个过程。

　　冷冻浓缩特别适合用于热敏性强及芳香性物质含量较高的果汁，如柑橘、草莓、菠萝等果汁浓缩，而且芳香物质损失极少，产品的质量高。缺点是设备投资大，生产能力小；浓度高、黏度大的果蔬汁不易分离，浓缩浓度一般在40~50波美度；浓缩后产品需要冷冻贮藏或加热处理以便保藏。

　　8. 芳香物质的回收

　　新鲜果蔬汁具有原有水果和蔬菜特有的芳香。芳香物质是区分各种果蔬原汁的重要特征之一。芳香物质主要包括酸类、醛类、醇类、酯类、小分子烃类化合物及其他有机物质。在加工过程中，尤其是在加热和蒸发浓缩时损失很大。因此，在生产浓缩果汁时，将这些芳香性物质进行回收浓缩，然后回加到浓缩果汁中，以保持原果汁的风味。目前，苹果、柑橘、菠萝、葡萄、梨、杏、桃、西番莲等果汁的加工中已经采用芳香回收装置，回收芳香物质。

芳香物质回收浓缩方法有两种：一种是在浓缩前，先将芳香成分分离回收，然后回加到浓缩果汁中；另一种是将浓缩罐中蒸发蒸汽进行分离回收，然后回加到浓缩果汁中。

9. 果汁的调整与混合

果汁的调整与混合，又称调配。调配的目的是实现产品的标准化，使不同生产批次产品保持一致性；提高果汁产品的风味、色泽、口感、营养和稳定性等，力求各方面能达到更好的效果，满足消费者的需要。

果汁的调整与混合通常包括糖酸比例的调整、其他成分的调配和不同种类果汁的复配等。调整一般在调配罐内进行。

(1) 糖酸比例的调整　果汁饮料的糖酸比例是决定其口感和风味的主要因素。通常认为，非浓缩果汁的糖酸比例为 $(13 \sim 15) : 1$，较适宜大多数人的口味，因此需要对果汁的糖酸比例进行调配。一般果汁的糖含量在 $8\% \sim 14\%$，有机酸含量在 $0.1\% \sim 0.5\%$。

首先计算调配所需要的用糖和用酸量，然后将糖、酸用少量水或果汁溶解，过滤后加入果蔬汁中。也可以使用已调配好的糖浆和酸液。添加后需测定糖酸含量，如不符合要求，可再进行调整。

(2) 其他成分的调配　除调节糖酸含量之外，还需要对果汁的色泽、风味、芳香物质、稳定性和营养性进行适当的调整，以符合产品的种类特征。如在果肉饮料和混浊汁中添加乳化稳定剂增加稳定性，添加维生素 C 防止果汁氧化，添加食用香精补充芳香成分，添加食用色素调节色泽，添加防腐剂提高保藏性等。近年来，在果汁生产中有强化营养成分的发展趋势，如强化膳食纤维、维生素和矿物质等，国外已有产品上市。

（3）不同种类果汁的复配 某些果汁由于太酸或风味太强或色泽太浅，口感不好，外观差，不适宜于直接饮用。同时，为了使果汁营养成分更全面，搭配更合理，满足消费者日益增长的健康要求，需要将不同果汁按比例进行混合，利用各自优势，取长补短，制成品质良好的果汁产品。混合时要注意风味协调原则、营养互补原则和功能性协调原则。

10. 杀菌和灌装

（1）杀菌 杀菌是果汁产品长期保藏的关键。杀菌的目的是杀死果汁中的微生物和钝化果汁中的酶。目前，果汁杀菌主要采用加热杀菌法，加热杀菌可分为巴氏杀菌（低温杀菌，80～85℃ 3min）和高温杀菌（瞬时杀菌，93±2℃/15～30s 或120℃以上/3～5s），高温杀菌不仅杀菌效果优于巴氏杀菌，而且对果汁的风味和品质影响很小。因此，目前果汁杀菌几乎都采用高温瞬时杀菌工艺。

除加热杀菌，还有非加热杀菌技术（冷杀菌）应用。比如超高压杀菌、脉冲电场杀菌、紫外线杀菌、强光脉冲杀菌、振荡磁场杀菌等，这些技术杀菌温度低，可以在常温下或结合冷却在更低的温度下进行；无须加热，不污染环境；对产品的色、香、味和营养成分无破坏，能保持产品的新鲜度，但缺点是不能完全钝化果蔬汁中酶的活性。

（2）灌装 果汁杀菌原则上安排在灌装前进行。果汁杀菌后，要立即灌装密封。灌装方法可分为热灌装、冷灌装和无菌灌装（图2-9）。不同灌装方法的灌装条件以及适用和产品保藏性能见表2-3。

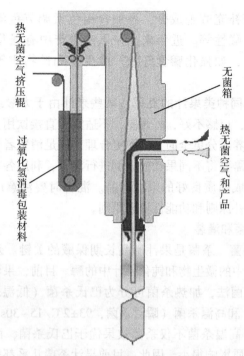

热无菌空气挤压辊

过氧化氢消毒包装材料

无菌箱

热无菌空气和产品

图 2-9　无菌灌装系统示意图

表 2-3　果汁不同灌装方法的杀菌温度、灌装温度、
包装容器、流通温度及货架期比较

灌装方法	杀菌温度/℃	灌装温度/℃	包装容器	流通温度/℃	货架期
热灌装	95	>80	金属罐、塑料瓶、玻璃瓶	常温	1 年
冷灌装	95	<5	塑料瓶、层脊包	5~10	2 周
无菌灌装	95	<30	纸包装、塑料瓶、玻璃瓶	常温	6 个月以上

　　灌装密封后的产品，最好在 4~5℃条件下冷藏，对于一些容易产生异味的浓缩汁或为了很好地保存浓缩汁的品质，灌装以后

可以进行冷冻贮藏，比如冷冻浓缩橙汁等。

二、柑橘汁饮料生产技术

柑橘汁具有甜酸适口且微苦的综合型风味，色泽柔和，气味芳香，而且含有人体所必需的多种维生素和矿物质。因此，柑橘汁是国内外市场上最受人们喜爱且消费量最大的果蔬汁饮料，大约占国际果蔬汁贸易的一半，而且以甜橙汁和浓缩橙汁为主要产品。目前，全世界橙汁年产量约 1 600 万 t，巴西、美国是橙汁主产国，分别占 70% 和 23%。我国柑橘年产量仅次于巴西，居世界第二位，但是我国由于加工品种少、加工技术落后等原因，每年却需要大量进口柑橘汁，以满足国内市场需求。2006 年我国进口量已达到 6.45 万 t。柑橘汁饮料主要包括柑橘汁、柑橘果肉饮料、柑橘汁饮料和浓缩柑橘汁等产品。

1. 工艺流程（图 2-10）

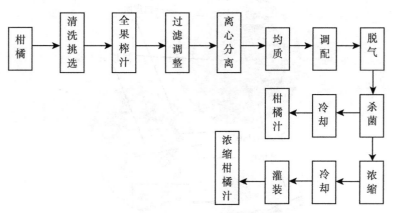

图 2-10　柑橘汁及其浓缩汁的工艺流程

2. 生产工艺要点

（1）原料的检验　柑橘类水果包括甜橙、宽皮橘、葡萄柚、柚以及柠檬等类水果，其中以甜橙栽培最广泛、风味较好，除鲜食外，多用于榨汁。柑橘果实的大小不同，所含成分也有区别，原料的大小不仅影响出汁率，也影响果汁的品质。因此原料进厂后要抽样检验和称重。检查项目主要有固形物含量、酸度、皮肉比例、含汁量，以及伤果、冻果、霉烂果、未熟果比例等。

（2）洗果挑选　柑橘经清水冲洗后进入拣选台，挑出不合格果。然后将原料送至清洗设备，在含有清洗剂的水中稍做浸泡，用刷式清洗机清洗，并用含氯 10~30mg/kg 清洗水喷淋冲洗干净，再挑选剔除漏检果，送至榨汁机榨汁。

（3）全果榨汁　柑橘的结构要比苹果、番茄复杂得多，是榨汁的各类果实中较为困难的一类果实，平均出汁率40%~50%。柑橘果实结构见图2-11，最外层是外果皮，果皮内层是

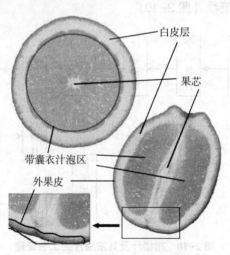

白皮层

果芯

带囊衣汁泡区

外果皮

图2-11　柑橘类水果的结构

呈白色海绵状的白皮层，果肉内部是囊瓣，囊瓣内是砂囊，内部和周围是果汁。

为了得到优质的柑橘汁，榨汁中需要注意以下几点：果汁中不得含有果皮油；防止苦味和产生加热臭的白皮层和囊衣混入；适量增加果浆（砂囊膜）有利于果汁增色；避免含有柠檬苦素种子的破碎。

目前，柑橘普遍采用全果式取汁法。采用的设备主要是美国FMC公司的 In-line 榨汁机、布朗（Brown）榨汁机、安德逊（Anderson）压榨机。除这几种机械外，还有碎浆式榨汁机，这是采用热烫去皮后破碎离心过滤的一种榨汁方式，出汁率可以提高至55%~60%。

（4）过滤调整 榨出的果汁中含有果皮的碎片和囊衣、粗果肉浆等。不同榨汁方式，果汁中所含杂质也不同，因此过滤方式不同。果汁中杂质需要进行粗滤，用筛滤和打浆机去除。大规模生产一般都用打浆机。打浆机筛孔直径为0.5mm，能除去粒径在0.5~1.5mm的果浆粒，除浆量达到30%~50%。

果汁中的微细果浆能使果汁保持较好的色泽和一定浊度。果浆不足，会使果汁色泽和浊度不足，风味变淡。但是，果浆过多会使果汁黏稠化，贮藏中出现沉淀，浓缩中导致风味恶化等。因而，要调整天然果汁中果浆含量，最适合为3%~5%。粗果汁一般采用离心分离的方法降低果浆含量，最好在密闭下进行。

（5）均质 通过离心分离，果汁就已经较为均一化。为了使粒子进一步微细化，可在离心前后添加均质工序，采用均质机用7~10MPa压力进行均质。

（6）调配 将均质后的果汁泵入调配罐进行调配，使果汁品质和成分一致。调配后的果汁一般糖度在15~17波美度，酸度达到0.8%~1.6%（以柠檬酸计），果汁的糖酸比为13~17。

调配的方法主要有原料标准化后榨汁，加糖或加香调节糖酸比或风味，浓缩果汁微调糖酸比。

（7）**脱气** 柑橘汁在榨汁、打浆、过滤、均质等加工工序中，混入包括氧气在内的多种气体。氧气一部分溶解在果汁中，一部分吸附在果浆及胶体粒子表面。氧气能导致果汁氧化，品质变差。因此脱气工序对保证柑橘汁质量意义重大。脱气时一般真空度采用 90~95kPa，脱气会使 2%~5% 的汁液被蒸发。脱气的时候也要脱除掉部分精油成分，减少过量精油混入给果汁带来的异味。

（8）**杀菌** 将脱气后的柑橘果汁进行杀菌，以杀灭微生物、钝化果胶酶和抗坏血酸氧化酶。柑橘果汁常采用高温瞬时杀菌法，温度 93~95℃，时间在 15~30s。杀菌后迅速灌装。

（9）**浓缩** 用于加工浓缩汁的柑橘汁含浆量要尽可能减少。含浆量高，黏稠度高，降低浓缩效率，而且容易结焦。为了减少柑橘汁的风味变化，一般采用真空加热浓缩，以低温、短时为佳。可以使用双效板式蒸发器、降膜式蒸发器、离心薄膜式蒸发器等进行浓缩。离心薄膜式较好，温度在 50~60℃，时间只有 3~5s。另外，采用膜分离浓缩和冷冻浓缩方法效果更好。

浓缩的柑橘汁一般采用冷冻贮存。甜橙浓缩汁浓度可达 60~65 波美度，为了提高甜橙浓缩汁的风味，一般用少量新鲜的柑橘汁添加进去，将浓度调至 42~45 波美度，再冷冻保存。

（10）**橘子汁饮料的加工** 按照配方，将天然柑橘汁和浓缩柑橘汁加水稀释，再添加糖、酸、香精、着色剂、防腐剂等进行调配。调配是果蔬汁饮料生产的最重要的工序。在调配中，要注意添加剂的添加顺序，短时低温搅拌均匀，尽量隔绝氧气影响等。产品要符合要求，具有柑橘应有的浅黄色或橙黄色、香气和滋味，原果汁含量≥10%，糖度在 12%，酸度在 0.4% 左右。

第二节 水果罐头加工技术

一、水果罐头加工工艺

(一) 工艺流程

空罐准备
↓
原料选择→原料预处理→装罐→排气→密封→杀菌→冷却→
检验→贴标、包装→成品。 ↑
罐液的配制

(二) 工艺要点

1. 原料选择

罐头所用的水果原料要求新鲜，可食部分大，糖酸含量高，单宁含量少，组织致密，硬实，大小均匀，形状整齐，颜色好，无病虫害、无严重损伤；另外，原料成熟度要适当，一般要求略高于坚熟，稍低于鲜食成熟度。不同种类的水果以及同一种类的不同品种水果罐头成熟度的要求都有所不同。

2. 原料预处理

包括挑选、分级、清洗、去皮、去核（芯）、切分、修整、抽空以及热烫等处理。

(1) 挑选、分级 水果原料生产前首先要进行挑选，剔除霉烂及病虫害果实。挑选主要在固定的工作台或传送带上进行，然后再按大小、色泽和成熟度进行分级，以便于机械化操作，提高生产效率，保证产品质量，得到均匀一致的产品。分级的方法有手工分级和机械分级两种。

(2) 清洗 清洗的目的是除去水果原料表面附着的泥沙、

污物、大量的微生物及残留的农药等，保证产品清洁卫生。清洗用水必须清洁，符合饮用水标准。常见的洗涤方法有水槽洗涤、滚筒式洗涤、喷淋式洗涤、压气式洗涤等。有时为了较好地去除果面上残留的农药，常在洗涤用水内加入少量的化学药剂，一般常用的化学药剂有 0.5%~1.5% 盐酸溶液、0.1% 高锰酸钾或600mg/kg 漂白粉等。

（3）去皮　有的果蔬表皮粗厚、坚硬，不能食用；有的果蔬表皮具有不良风味，对加工制品有一定的不良影响，这样的果蔬必须进行去皮处理。去皮的方法有手工去皮、机械去皮、碱液去皮、热力去皮、酶法去皮、冷冻去皮等。

①手工去皮。手工去皮是应用特别的刀、刨等手工工具削皮，应用较广。

②机械去皮。采用专门的机械进行，常用的机械去皮机主要有旋皮机、擦皮机和特种去皮机三类。旋皮机是在特定的机械刀架下将果蔬皮旋去，适用于苹果、梨、柿等大量果品；擦皮机是利用内表面有金刚砂、表面粗糙的转筒或滚轴，借摩擦力的作用擦去表皮，适用于马铃薯、胡萝卜、荸荠、芋头等原料，效率较高，但去皮后表皮不光滑；特种去皮机械如青豆、黄豆采用专用的去皮机械进行。菠萝可用 GT6A15 型菠萝去皮切端通心机去皮，使去皮、切端、通心、挖去芽眼一次完成。

③碱液去皮。将水果原料在一定浓度和温度的强碱溶液中处理一定的时间，水果表皮内的中胶层受碱液的腐蚀而溶解，使果皮分离。绝大部分果蔬如桃、李、苹果等可以用碱液去皮。

常用的碱液为氢氧化钠，也可用碳酸氢钠等碱性稍弱的碱。去皮时碱液的浓度、碱液温度和处理的时间，随果蔬种类、品种、成熟度和大小不同而异，必须合理掌握。适当增加任何一项，都能加强去皮作用。碱液浓度高、温度高，处理时间长会腐蚀果肉。一般要求只去掉果皮而不能伤及果肉，对每一批原料都应该作预备试验，确定处理的浓度、温度和时间。常见果蔬的碱液去皮条件见表2-4。

表2-4　常见果蔬的碱液去皮条件

果蔬种类	NaOH浓度/%	碱液温度/℃	处理时间/min
猕猴桃	2.0~3.0	>90	3.0~4.0
橘　瓣	0.8~1.0	60~75	0.25~0.5
苹　果	8.0~12.0	>90	1.0~2.0
甘　薯	4.0	>90	3.0~4.0
茄　子	5.0	>90	2.0
胡萝卜	4.0	>90	1.0~1.5
马铃薯	10.0~11.0	>90	2.0
桃	2.0~6.0	>90	0.5~1.0
杏	2.0~6.0	>90	1.0~1.5
李	2.0~8.0	>90	1.0~2.0
梨	8.0~12.0	>90	1.0~2.0

　　碱液去皮的方法有浸碱法和淋浸法两种。浸碱法是将一定浓度的碱液装入特制的容器内加热到一定的温度后，再将果实浸入并振荡或搅拌一定的时间，使浸碱均匀，取出后搅动、磨擦去皮。淋碱法是将加热的碱液喷淋于输送带上的果蔬上，淋过碱的果蔬进入转筒内，在冲水的情况下与转筒的边翻滚摩擦去皮，杏、桃等果实常用此法去皮。

　　经碱液处理后的果蔬必须立即在冷水中进行多次漂洗，至果块表面无滑腻感，口感无碱味为止。漂洗必须充分，否则会使罐头制品的pH偏高，导致杀菌不足，口感不良。也可用0.1%~0.2%盐酸或0.25%~0.5%的柠檬酸水溶液浸泡中和多余的碱，同时还可防止褐变。

　　④热力去皮。果蔬在高温下处理较短时间，使之表皮迅速升

温而松软，果皮膨胀破裂，果皮与果肉间的原果胶发生水解失去胶黏性，果皮与果肉组织分离而脱落。适用于成熟度高的桃、杏、枇杷等的去皮。热力去皮有蒸汽去皮和热水去皮。蒸汽去皮时一般采用近100℃蒸汽，可以在短时间内使外皮松软，以便分离。具体的热烫时间，可根据原料种类和成熟度而定。

热水去皮时，少量时可用锅加热，大量生产时采用带有传送装置蒸汽加热沸水槽进行。果蔬经短时间的热处理后，用手工剥皮或高压冲洗。如番茄可在95~98℃的热水中10~30s，取出冷水浸泡或喷淋，然后手工剥皮；桃可在100℃的蒸汽中处理8~10min，淋水后用毛刷辊或橡皮辊刷洗。

热力去皮原料损失少，色泽好，风味好。但只用于果皮容易剥落的原料并要求充分成熟，成熟度低的原料不适用。

⑤酶法去皮。柑橘的囊衣在果胶酶的作用下，果胶水解，脱去囊衣。如将橘瓣放在1.5%的703果胶酶溶液中，在35~40℃、pH值2.0~1.5的条件下处理3~8min，可达到去囊衣的目的。酶法去皮条件温和，产品质量好。其关键是要掌握酶的浓度及酶的最佳作用条件如温度、时间、pH值等。

⑥冷冻去皮。将水果与冷冻装置的冷冻表面接触片刻，其外皮冻结于冷冻装置上，当果蔬离开时，外皮即被剥离。冷冻装置温度在-28~-23℃，这种方法可用于桃、杏、番茄等的去皮。葡萄冷冻去皮是将葡萄迅速冻结后，放入水中，待果皮解冻果肉未解冻时，迅速用毛刷辊或橡皮辊刷洗果皮。冷冻去皮损失率5%~8%，质量好，但费用高。

此外，还有真空去皮、表面活性剂去皮等。

(4) **去核、去芯、切分、修整**　对于核果类的原料一般要去核，对于仁果类或其他种类的果品或蔬菜一般要去芯。常用的工具有挖核器和捅核器。挖核器用于挖除苹果、梨、桃、杏、李等果实的果核或果芯，捅核器用于去除枣、山楂等果实的核。生产时，应根据果实的特点和大小选择适宜的去核、去芯工具。

体积较大的水果原料在罐藏加工时，需要适当地切分，以保持一定的形状。切分的形状和方法根据原料的形状、性质和加工品的要求而定。桃、杏、李常对半切；苹果、梨常切成两瓣、三瓣或四瓣；许多水果则切成片状、条状、块状等多种形式。常用刀、劈桃机或多功能切片机以及专用的切片机等工具或设备。

水果罐头加工时为了保持良好的形状外观，在装罐前需对果块进行修整，除去水果碱液未去净的皮或残留于芽眼或梗洼中的皮，除去部分黑色斑点和其他病变组织。柑橘全去囊衣罐头则需去除未去净的囊衣等。

（5）抽空处理 某些水果如苹果、梨等内部组织较疏松，含空气较多，对罐藏不利，常进行抽空处理，将原料周围及果肉中的空气排出，渗入糖水或无机盐水，抑制氧化酶活性。有研究表明，易变色的水果及品种，可用 2% 食盐、0.2% 柠檬酸、0.02%~0.06% 亚硫酸盐混合溶液作抽空母液；不易变色的种类或品种，可用 2% 的食盐溶液作抽空母液；一般果蔬可用糖水当作抽空母液。在 87~93kPa 的真空度下抽空 5~10min，护色后果肉色泽更加鲜艳。

（6）热烫 热烫也称预煮、烫漂，是将经过适当处理的新鲜原料在温度较高的热水、沸水或蒸汽中进行加热处理的过程。热烫可以破坏酶活性，减少氧化变色和营养物质的损失；还可以使罐头保持合适的真空度，减弱罐内残留 O_2 对马口铁内壁的腐蚀；避免罐头杀菌时发生跳盖或爆裂现象；热烫使原料膨压下降，质地变得柔软，果肉组织富有弹性，果块不易破损，有利于装罐等操作；热烫可以排出某些果蔬原料的不良气味，如苦味、涩味、辣味，使品质得以改善；热烫还可杀死原料表面附着的大部分微生物及虫卵等，使制品干净卫生。

热烫的方法有热水烫漂和蒸汽烫漂。原料烫漂后，应立即冷却，停止热处理的余热对产品造成不良影响，并保持原料的脆嫩，一般采用流动水漂洗冷却或冷风冷却。

原料热烫的程度、热烫的时间，应根据种类、形状、大小及工艺要求等条件而定。

3. 空罐准备

即对空罐进行检查和清洗。马口铁罐的规格标准比较均一，检查时主要剔除罐身凹陷、罐口变形、焊锡不良和严重生锈等空罐。玻璃罐要剔除罐身不正、罐口不圆或有沙粒和缺损、罐壁厚薄不均、有严重气泡、裂纹和沙石等不合格罐。合格的空罐用热水冲洗或0.01%的漂白粉溶液浸洗后用清水冲洗。回收的玻璃罐则先用2%~3%的氢氧化钠溶液在50℃左右浸泡5~10min后再进行洗涤，除去油脂污垢等脏物，再用清水冲洗干净。洗净的空罐应倒置，控干水后使用。

4. 罐液的配制

大多数水果罐头在加工中将果块装入罐内后都要向罐内加注液汁，称为罐液或汤汁。

水果罐头的罐液为糖水，罐头加注罐液可起到填充罐内果块间空隙，排出空气，保护营养成分，改善风味，加强热的传递效率，提高杀菌效果等作用。

糖水配制：所用糖为白砂糖，要求纯度在99%以上，所需配制的糖水浓度，依水果种类、品种、成熟度、果肉装罐量和产品质量标准而定。我国目前生产的水果罐头，一般要求开罐糖度为14%~18%。每种水果加注的糖液浓度，计算公式为：

$$Y = \frac{W_3 Z - W_1 X}{W_2}$$

式中：W_1——每罐装入果肉重量（g）；

　　　　W_2——每罐注入糖水重量（g）；

　　　　W_3——每罐净重（g）；

X——装罐时果肉可溶性固形物含量（%）；

Y——需配制的糖水浓度（%）；

Z——要求开罐时的糖水浓度（%）。

糖液配制方法有两种：直接法和稀释法。直接法就是根据装罐时所需配制的糖水浓度，直接按比例称取白砂糖和水，置于不锈钢锅内加热搅拌溶解并煮沸过滤备用。例如，配制30%的糖水，则可按白砂糖30kg、清水70kg的比例配制。稀释法是先将糖配制成高浓度（65%以上）的母液，然后再根据装罐所需浓度用清水或稀糖水稀释。例如，用65%的母液稀释成30%的糖水，则以母液：清水=1：1.17混合，即得30%的糖水。

糖水中需添加酸时，应在糖水煮沸并校正浓度后再加入，过早加入，容易引起蔗糖转化而使果肉变色。除个别品种（如梨、荔枝）外，配好的糖水应趁热过滤使用，保证糖水在85℃以上的温度装罐，使罐头具有较高的初温，提高杀菌效率。

5. 装罐

将处理好的果块尽快称量后装入洗净的空罐中，再注入热的罐液。装罐时要做到以下几点。

①装罐应迅速及时，不应停留过长的时间，以防污染。

②装罐量要符合要求，保证产品的质量。通常要求外销罐头的固形物重不小于净重的55%～60%，内销罐头不小于净重的50%～55%。

③罐上部应留有一定的顶隙，顶隙度为3～8mm。

④原料要合理搭配，均匀一致，排列整齐。

⑤装罐后应及时擦净瓶口，除去细小碎块及外溢糖液。

装罐的方法分为人工装罐和机械装罐。由于果蔬原料形态不一，大小、排列方式各异，所以多采用人工装罐。对于颗粒状（青豆、甜玉米等）、流体或半流体制品（果汁、果酱）可用机械装罐。

6. 排气

排气是指罐头密封前或密封时将罐内空气排除，使罐内形成一定真空状态的操作过程，是罐头生产中的一个重要工序。

罐头排气方法有 3 种：热力排气法、真空排气法和喷蒸汽封罐排气法。

（1）热力排气法　热力排气是利用加热的方法使罐内空气受热膨胀，向外逸出。有热罐装排气和加热排气。热罐装排气就是将食品一般加热到 75℃ 以上后立即装罐密封的方法。一般只适用于高酸性的流体和半流体的食品。加热排气法是将装罐后的罐头，放上盖或不加盖，送入排气箱内，在具有一定温度的排气箱内经一定时间的排气，使罐中心温度达到要求的温度。排气完毕立即密封。热力排气所用的温度和时间视内容物种类、罐型大小、容器性质等情况而定，通常排气箱的温度为 90~100℃，排气时间为 5~10min，使罐中心温度达到 75~80℃ 以上。

（2）真空排气法　借助于真空封罐机将罐头置于真空封罐机的真空仓内，在抽气的同时进行密封的排气方法，或采用真空渗糖处理排出原料组织中的气体。

（3）喷蒸汽封罐排气法　它是在罐制品密封前的瞬间，向罐内顶隙部位喷射蒸汽，由蒸汽将顶隙内的空气排出，并立即密封。

7. 密封

罐制品密封是保证产品长期不变质的关键性工序。密封的方法视容器的种类而异。

金属罐密封是指罐身的翻边和罐盖的圆边借助封罐机相互卷合，压紧而形成紧密重叠的卷边的过程，所形成的卷边称为二重卷边。封罐机的型号很多，有手摇式的、半自动的、全自动的及真空封罐机。封罐机的种类虽多，但其封罐机头的构造却是一样的，都是由头道辊轮、二道辊轮、托底板和压头 4 个主要部分组成。玻璃罐的密封形式有卷封式、旋转式、抓式和螺纹式等，不同的密封形式其密封方法不同。用于旋转式玻璃罐密封的是旋盖拧紧机，主要由输罐、抱罐和拧盖三部分组成。蒸煮袋（又称复合塑料薄膜袋），一般采用真空包装机进行热熔密封，是依靠蒸煮袋内层的薄膜在加热时熔合在一起而达到密封的。热熔强度取决于蒸煮袋的材料性能，以及热熔合时的温度、时间和压力。

8. 杀菌

罐头密封后应立即进行杀菌。在罐头生产中常采用如下杀菌公式来设置杀菌工艺条件。

$$杀菌公式 = \frac{t_1 - t_2 - t_3}{T}$$

式中：T——杀菌温度（℃）；

t_1——杀菌锅内升至杀菌温度所需时间（min）；

t_2——杀菌锅内保持杀菌温度所需时间（min）；

t_3——罐头降温所需时间（min）。

罐头食品杀菌的实际操作过程应按照杀菌公式的要求来完成，应恰好将罐内致病菌和腐败菌全部杀死，且使酶钝化，同时也保住食品原有的品质。

常用的杀菌方法有常压杀菌和高压杀菌。

（1）常压杀菌　适用于 pH 值在 4.5 以下的酸性和高酸性食品，常用的杀菌温度是 100℃ 或以下。

常压杀菌可分为间歇式常压杀菌和连续式常压杀菌。间歇式常压杀菌使用敞开式杀菌锅（图 2-12），是用金属板制成的立式圆筒形锅，锅底安装蒸汽管和冷水管，锅内装入水，通入蒸汽将水加热至杀菌温度，杀菌时将罐头用铁笼装好，投入杀菌锅内，将水没过罐头，待水沸腾时计时。玻璃罐杀菌时，要注意罐头与水之间的温差，防止破裂。连续式常压杀菌是将罐头由输送带送入连续作用的杀菌器内进行杀菌。杀菌时间通过调节输送带的速度来控制。

图 2-12　间歇式杀菌锅

（2）高压杀菌　高压杀菌是在完全密封的高压杀菌器中进行，靠加压升温来进行杀菌，杀菌的温度在 100℃ 以上。此法适用于低酸性食品（pH 值大于 4.5）。高压杀菌可分为高压蒸汽杀菌和高压水浴杀菌。

高压蒸汽杀菌锅主要用于金属罐杀菌，有立式（图 2-13）或卧式之分。罐头进入杀菌锅后，加盖密闭，通入蒸汽排出锅内空气并加热杀菌，杀菌完毕，通入压缩空气和冷水冷却。高压水浴杀菌器主用于玻璃罐杀菌，也有立式或卧式（图 2-14）之分。罐头进入杀菌锅后，通入热水，再通入压缩空气使杀菌锅达到一定压力，用蒸汽升温杀菌，杀菌完毕通入压缩空气和预热水进行冷却。玻璃罐采用加压水浴杀菌能很好地平衡玻璃罐内外压力，防止罐身破碎或跳盖。

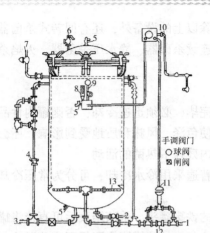

图 2-13　立式高压蒸汽杀菌锅

1. 蒸汽管；2. 水管；3. 排水；4. 溢流管；5. 泄气阀；6. 安全阀；7. 空气管；
8. 温度计；9. 压力表；10. 温度控制仪；11. 蒸汽控制阀；12. 支管；13. 蒸汽分散管

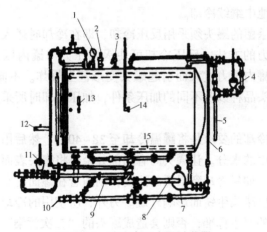

图 2-14　卧式高压水浴杀菌器

1. 压力表；2. 放气阀；3. 安全阀；4. 压力控制阀；5. 溢流管；6. 循环水管；
7. 循环水泵；8. 泄气阀；9. 热水管道；10. 水管；11. 温度控制器；12. 空气管；
13. 温度计；14. 感温球；15. 蒸汽分散管

罐头杀菌除以上的设备外，还有回转式杀菌器、常压连续杀菌器、水封式连续杀菌器、静水压杀菌器、火焰杀菌器、无菌装罐设备等。

9. 冷却

罐头杀菌完毕，必须迅速冷却，否则罐内食品仍然保持相当高的温度，会使色泽、风味和质地受到影响，还会加速罐内壁的腐蚀和促进罐内残存嗜热菌的活动。

罐头冷却普遍采用冷水冷却，可分为常压冷却和高压冷却两种方法。

常压杀菌的铁罐罐头，杀菌结束后可直接将罐头取出放入冷却水池中进行冷却；玻璃罐罐头则需逐步分段冷却，每段水温相差20℃，否则容易造成玻璃罐破裂。操作时先在原杀菌锅内，边放出热水边通入冷水，水位始终高出罐头表面，注意避免冷水直接冲到罐上而破损。当罐温下降至60~70℃时，再将罐头取出放入冷却池中继续冷却。

高压杀菌的罐头须采用反压冷却，即在冷却时通入压缩空气来补充压力的方法。反压冷却可使锅内压力与罐内压力基本平衡，避免罐内压力过大而引起罐头变形甚至爆炸。不同的罐型、不同的罐头品种以及不同的加压条件，加压冷却时所采用的反压不一样。

罐头冷却的要求是将罐温冷却至38~40℃，然后用干净的手巾擦干罐面的水分。让罐头尚有的部分余热将罐头表面的残余水分蒸发干。如果冷却到很低的温度，则附着在罐面的水分不容易蒸发，易使罐头生锈而影响外观。另外，所使用的冷却水必须符合饮用水的卫生标准，否则会造成罐头的"二次污染"而败坏。

10. 成品质量检验

水果罐头质量检验包括感官检验、理化检验和微生物检验。

（1）感官检验 包括罐头容器检验、罐头内容物的色泽和组织形态检测、滋味和气味的检验。

①罐头容器检验。检查瓶与盖结合是否紧密牢固，罐形是否正常，有无胀罐；罐体是否清洁及锈蚀；罐盖的凹凸变化情况等。

②色泽和组织形态检验。在室温下将罐头打开，然后将内容物到入白瓷盘中观察色泽、组织形态是否符合标准。

③滋味和气味检验。检验是否具有该产品应有的滋味与气味，并评定其滋味、气味是否符合标准。

（2）理化检验　包括以下几个方面。

①真空度的测定。真空度的高低可采用打检法来判断或用罐头真空计检测。打检法是用特制的棒敲打罐盖或罐底，如发出的声音坚实清脆，则为好罐，混浊声则为差罐。用罐头真空计测定罐头真空度一般要求达到 26.67kPa 以上。

②净重和固形物比例的测定。按 QB1007 规定的方法检验。

③可溶性固形物的测定。常用折光仪测定可溶性固形物含量。

④有害物质的检验。重金属含量按 GB/T 5009.16、GB/T 5009.13、GB/T5009.12、GB/T5009.11 规定的方法分别测定锡、铜、铅、砷。

（3）微生物检验　将罐头放入 20~25℃ 的温度中保温 5~7d，如果罐头杀菌不足，罐内微生物繁殖产生气体会使内压增加，发生胀罐，这样就便于把不合格罐区别剔除。

除此之外，罐头食品还需要对溶血性链球菌、致病性葡萄球菌、肉毒梭状芽孢杆菌、沙门氏菌和志贺氏菌等致病菌进行检查，检验方法参照 GB4789.26 规定，合格的罐头中致病菌不得检出。

11. 贴标（商标）、包装

罐头食品的贴标目前多用手工操作，但也有采用半自动贴标机械和自动贴标机械。罐头贴标后要进行包装，便于成品的贮存、流通和销售。罐头多采用纸箱包装。包装作业一般包括纸箱成型、装箱、封箱、捆扎四道工序。

二、水果罐头加工中常见的质量问题与控制

（一）罐头的败坏

罐头食品在贮存期间，仍然进行着各种变化。如果罐头加工过程中操作不当，加上贮存条件不良，往往会加速质量的变化而使罐头败坏。罐头的败坏分胀罐的败坏和不胀罐的败坏两种。

1. 胀罐的败坏

罐头的一端或两端向外凸出。根据其发生的原因，主要有以下几种情况。

（1）物理性胀罐 罐内食品装量过多，顶隙过小或几乎没有，杀菌时内容物膨胀造成胀罐；排气不足，真空度较低，罐头冷却时降压速度太快，使内压大大超过外压而胀罐；寒冷地区生产的罐头运往热带地区销售或平原生产的罐头运到高山地区销售，由于外界气压的改变也易发生胀罐。

防止措施：应严格控制装罐量，切勿过多；注意装罐时，罐头的顶隙大小要适宜，要控制在 3~8mm；提高排气时罐内的中心温度，排气要充分，封罐后能形成较高的真空度，即达 39 990~50 650Pa；加压杀菌后的罐头消压速度不能太快，使罐内外的压力较平衡，切勿压力相差过大；控制罐头制品适宜的贮藏温度（0~10℃）。

（2）化学性胀罐 高酸性食品中的有机酸（果酸）与罐头内壁（露铁）起化学反应，放出氢气，氢气积累使内压升高而发生胀罐。

防止措施：防止空罐内壁受机械损伤，以防出现露铁现象；空罐宜采用涂层完好的抗酸全涂料钢板制罐，以提高对酸的抗腐

蚀性能。

(3) 细菌性胀罐 由于杀菌不彻底，或罐盖密封不严，细菌重新侵入而分解内容物，产生气体使罐内压力增大而造成胀罐。

防止措施：对罐藏原料充分清洗或消毒，严格注意加工过程中的卫生管理，防止原料及半成品的污染；在保证罐头食品质量的前提下，对原料进行充分的热处理（预煮、杀菌等），以消灭产毒致病的微生物；在预煮水或糖液中加入适量的有机酸（如柠檬酸等），降低罐头内容物的 pH 值，提高杀菌效果；严格封罐质量，防止密封不严而泄露，冷却水应符合食品卫生要求，经氯化处理的冷却水更为理想；罐头生产过程中，及时抽样保温处理，发现带菌问题，要及时处理。

2. 不胀罐的败坏

由细菌的作用和化学作用引起，通常表现为罐内食品已经败坏，但并不胀罐。如平酸菌在罐内繁殖时不产生气体，但使食品变色变酸；食品中的蛋白质在高温杀菌和贮存期间分解放入硫或硫化氢，与铁皮接触产生黑色的硫化铁、硫化锡等。

防止措施：在预煮水或糖液中加入适量的有机酸（如柠檬酸等），降低罐头内容物的 pH 值，可以抑制平酸菌的生长繁殖；使用抗硫涂料罐作为罐藏容器。

(二) 罐壁的腐蚀

1. 罐内壁腐蚀

镀锡薄板的镀锡层其连续性并不是完整无缺，尚有一些露铁点存在，加上空罐制作过程的机械冲击和磨损，使铁皮表面有锡层损伤，造成铁皮与罐头中所含的有机酸、硫及含硫化合物和残存的氧气等发生化学反应而引起侵蚀现象。

防止措施：生产过程中加强对原料的清洗、提高排气效果、容器使用抗酸抗硫涂料等可减轻腐蚀问题。

2. 罐外壁锈蚀

当罐头贮存的环境湿度过高时，罐外壁则易生锈。

防止措施：可通过控制罐头的冷却温度、擦干罐身、涂抹防锈油、控制贮藏环境稳定的温度和较低的相对湿度来避免。

(三) 变色和变味

果蔬中的某些化学物质在酶或罐内残留氧的作用下或长期贮温偏高而产生的酶褐变和非酶褐变所致。罐头内平酸菌（如嗜热性芽孢杆菌）的残存，会使食品变质后呈酸味，不胀罐。橘络及种子的存在，使制品带有苦味。

防止措施：选用含花青素及单宁低的原料制作罐头。如加工桃罐头时，核洼处的红色素应尽量去净。加工过程中，要注意工序间护色。装罐前根据不同品种的制罐要求，采用适宜的温度和时间进行热烫处理，破坏酶的活性，排出原料组织中的空气。配制的糖水应煮沸，随配随用。加工中，防止果实与铁、铜等金属器具直接接触，所以要求用具采用不锈钢制品，并注意加工用水的重金属含量不宜过多。杀菌要充分，以杀灭平酸菌之类的微生物，防止制品酸败。制作橘子罐头时，橘瓣上的橘络及种子必须去净，选用无核橘为原料更为理想。

(四) 罐内汁液的混浊和沉淀

罐内汁液产生混浊和沉淀的原因：加工用水中的钙、镁等金属离子含量过高（水的硬度大）；原料成熟度过高，热处理过度，罐头内容物软烂；制品在运销中震荡过剧，而使果肉碎屑散落；保管中受冻，解冻后内容物组织松散、破碎；微生物分解罐内食品。

防止措施：加工用水进行软化处理；控制温度不能过低；严格控制加工过程中的杀菌、密封等工艺条件；保证原料适宜的成熟度。

三、糖水黄桃罐头加工工艺

糖水黄桃罐头是世界水果罐头中的大宗商品，生产量和贸易量均居世界首位，年产量近百万吨。黄桃罐头是罐头市场中最受消费者喜欢的制品之一，黄桃和糖水融合，形成浓浓的醇香，把桃子香甜的精华发挥得淋漓尽致，其主要原料黄桃的营养十分丰富，它富含维生素 C 和大量人体所需要的纤维素、胡萝卜素、番茄黄素等。它甜多酸少味道独特，可起到通便、降血糖、血脂、抗自由基、去除黑斑、延缓衰老、提高免疫功能等作用。

糖水黄桃罐头是原料黄桃经过预处理、装罐及加罐液、排气、密封、杀菌和冷却等工序加工制成的产品，罐头生产原料质量好坏是决定成品质量的主要因素。

（一）生产工艺流程

原料选择→清洗→去皮→切半、挖核→热烫→冷却→修整、冲洗→装罐→注液→排气→密封→杀菌→冷却→擦罐→入库。

空罐清洗、消毒
糖液配制

（二）方法步骤

1. 选料

选择组织致密、肉质丰厚、不易变色的品种，如大久保、玉露、黄露等，要求成熟度八成左右、横径 55mm 以上，无机械伤、无病虫害。

2. 清洗

用流动水洗去泥沙和污物。

3. 去皮

采用碱液去皮。即将桃子放入 90～95℃、浓度为 3%～5% 的氢氧化钠溶液中处理 1～2min，然后迅速捞出放入流动水中冷却，并手搓使表皮脱落，再放入0.3%盐酸液中浸泡2~3min，以中和残碱。

4. 切半、挖核

沿桃子合缝线切成两半，不要切偏。切半后立即浸入清水或1%~2%的盐水中护色，并挖去果核。

5. 热烫、冷却

将桃片放入含0.1%的柠檬酸热溶液中，95~100℃热水中烫4~8min，以煮透而不烂为度，迅速捞出用冷水冷透，以停止热作用，保持果肉脆度，且原料在加工过程中受热，这时温度的提高和时间的延长会加深桃中所含几种成分的变色程度，因此控制加热温度和时间非常重要。

6. 修整、冲洗

用小刀削去果肉的残留皮屑，并用水冲洗，沥水后即可装罐。

7. 装罐、注液

500g容量玻璃罐果肉装罐量为310g，注入80℃以上、25%~30%的热糖水（糖水中加入0.2%~0.3%的柠檬酸）。

8. 排气、密封

用95~100℃热水排气6~7min，趁热密封。

采用排气箱加热排气法排气，即将罐头送入排气箱后，在预定的排气温度下，经过一段时间的加热，使罐头中心温度达到85℃，排气10min，使食品内部的气体充分外逸。采用卷边密封法密封，即依靠玻璃罐封口机的滚轮的滚压作用，将马口铁盖的边缘卷压在罐颈凸缘下，以达密封目的。注意从排气箱中取出后要立即趁热密封。

9. 杀菌、冷却

沸水杀菌15~20min，分段冷却至38℃。密封后及时杀菌（杀菌方法为常压沸水杀菌，设备为立式开口杀菌锅，先在锅中注入适量水，然后再通蒸汽加热。待锅内水沸腾时，将装满罐头的杀菌篮放入锅内，罐头应全部浸没在水中，宜先将罐头预热至60℃再放入杀菌锅内，以免杀菌锅内水温急剧下降导致玻璃罐破裂。当锅内水温再次升到沸腾时，开始计算杀菌时间，并保持水的沸腾直到杀菌结束），在沸水浴中煮20min后，杀菌后立即用温水喷淋分段冷却（温水的温度可分段设置为65℃、43.5℃、30℃，或75℃、55℃、35℃），罐头冷却的最终温度一般掌握在用手取罐不觉烫手，罐内压力已降至常压为宜，此时罐头一部分余热有利于罐面水分的继续蒸发，使罐头不易生锈。

10. 擦罐、入库

擦干罐身，在20℃库房中存放1周，经敲罐检验合格后，贴标入库。

（三）产品质量标准

果块大小、色泽一致，糖水较透明，允许有少量果肉碎屑，具有桃子的风味，无异味。固形物重≥55%，开罐糖水浓度12%～16%。

第三节　水果发酵制品加工技术

在水果加工行业中，发酵通常泛指水果原料在微生物的作用下转化为新类型食品或饮料的过程，并把这种类型的食品统称为发酵食品。发酵食品是一类食、色、香、味、形等方面具有独特特点的特殊食品，它是食品原料（包括自身酶）经微生物作用产生的一系列特定的生物化学反应及其代谢产物。白酒、葡萄酒、果醋等都是发酵食品。

下面以葡萄酒为例详细介绍水果发酵制品的加工。

葡萄酒是以整粒或破碎的新鲜葡萄或葡萄汁为原料，经完全或部分发酵酿制而成的低度饮料酒，其酒精含量一般不低于

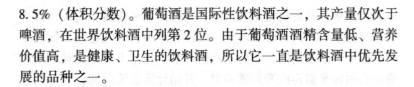

8.5%（体积分数）。葡萄酒是国际性饮料酒之一，其产量仅次于啤酒，在世界饮料酒中列第 2 位。由于葡萄酒酒精含量低、营养价值高，是健康、卫生的饮料酒，所以它一直是饮料酒中优先发展的品种之一。

一、葡萄原浆、原汁的制取

（一）分选

分选就是将不同品种、不同质量的葡萄分别存放，主要目的是保证葡萄酒的质量。分选工作最好在田间采收时进行，即采收时分品种、分质量存放，分选后立即送往破碎机进行破碎。

（二）破碎与除梗

破碎的目的是将果粒破裂，保证籽粒完整，使葡萄汁流出，便于压榨和发酵。要求每粒葡萄都要破裂，籽粒不能压破，梗不能碾碎，皮不能压扁；破碎过程中，葡萄及其浆汁不能接触铁、铜等金属。破碎后，酿制红葡萄酒，应尽快除去果梗；酿制白葡萄酒，立即进行压榨，最后将果梗与果渣一并除去。

（三）压榨和渣汁分离

在破碎过程中自流出来的葡萄汁叫自流汁，加压后流出来的葡萄汁叫压榨汁。白葡萄酒的生产，破碎的葡萄浆提取自流汁后，还必须经过压榨。为了提高出汁率，一般采取 2~3 次压榨，第一次压榨后，将残渣疏松，再做第二次压榨，当压榨汁的口味明显变劣，即为压榨终点。

自流汁酿制的白葡萄酒，酒体柔和、口味圆润、爽口；一次压榨汁酿制的葡萄酒酒体欠厚实；二次压榨汁酿制的葡萄酒酒体粗糙，不适合酿造白葡萄酒，可用于生产白兰地。

"前净化"的澄清处理。方法有添加 SO_2 静置澄清法、皂土澄清法、机械澄清法、添加果胶酶澄清法等，均可提高葡萄酒的质量。

在红葡萄酒的酿造中，使用葡萄浆带皮发酵或用葡萄浆经热浸提、压榨取汁进行发酵，压榨则是从前发酵后的葡萄浆中制取初发酵酒，出池时先将自流原酒由排汁口放出，清理皮渣，进行压榨取汁。

（四）葡萄汁成分的调整

受气候条件、葡萄成熟度，生产工艺等的影响，压榨出的葡萄汁的成分不尽相同，达不到工艺的要求。在发酵前，需要对葡萄汁的成分进行调整，调整葡萄汁的糖度、酸度、添加 SO_2 等。

1. 糖分调整

为保证葡萄酒的酒精含量，使发酵正常进行，向糖度低的葡萄汁中加糖以补充糖分。糖分的调整可以添加白砂糖或浓缩葡萄汁。

（1）添加白砂糖 常用纯度为 98.0%～99.5%的结晶白砂糖，砂糖的添加量以发酵的酒精含量为依据。加糖时应准确量出葡萄汁量，糖先用冷葡萄汁溶解制成糖浆，不能加热及用水溶解，加糖后要充分搅拌，记录溶解后的体积作为发酵开始时的体积，加糖时间在发酵开始时一次性加完。加糖量不宜过高，以免残糖量太高。每增加 1%（体积分数）的酒度所需蔗糖量见表 2-5。

表 2-5　增加 1%（体积分数）的酒度所需蔗糖量　单位：g/L

葡萄酒类型	蔗糖添加量
白葡萄酒	17.0
桃红葡萄酒	17.0
红葡萄带皮发酵	18.0
纯葡萄汁发酵	17.0

（2）添加浓缩葡萄汁 对浓缩葡萄汁含糖量进行分析，然后用交叉法求出浓缩汁的添加量，在主发酵后期加入。添加时要注意葡萄汁的酸度，若酸度过高，需在浓缩汁中加入适量的碳酸

钙中和，降酸后不规则添加。

2. 酸度调整

为了抑制细菌的繁殖，保证酵母菌的绝对优势，使发酵能正常进行，要求葡萄汁有适宜的酸度。发酵前应将葡萄汁的酸度调整到 6g/L，pH 值为 3.3~3.5。酸度的调整包括提高酸度和降低酸度。

(1) 提高酸度 提高酸度可添加酒石酸和柠檬酸，以酒石酸为好。葡萄酒中柠檬酸的总含量不得超过 1.0g/L，柠檬酸的添加剂量一般不超过 0.5g/L，在通常时间，增酸幅度不得超过 1.5g/L（以酒石酸计）。加酸时，先用葡萄汁与酸混合，再缓慢均匀地加入葡萄汁中，并搅拌均匀，不使用铁质容器。

(2) 降低酸度 可添加碳酸钙、碳酸氢钾、酒石酸钾等降酸剂，其中以碳酸钙作用最快且最便宜，降酸剂使用量与降酸量的关系见表 2-6。

表 2-6　降酸剂的使用量与降酸量的关系　　　　单位：g/L

降酸剂	使用量	降酸量（以 H_2SO_4 计）
碳酸钙	1.0	1.0
碳酸氢钾	1.0	0.75
酒石酸钾	2.5~3.0	1.0

3. SO_2 的添加

在葡萄酒酿制过程中，经常提到 SO_2 处理。在发酵基质或在葡萄酒中加入 SO_2，使发酵能顺利进行或有利于葡萄酒的储存。

(1) SO_2 的作用

①杀菌抑菌。SO_2 是一种杀菌剂，SO_2 能抑制各种微生物的活动，细菌对 SO_2 最为敏感，其次是尖端酵母，而葡萄酒酵母抗 SO_2 能力很强。

②澄清作用。SO_2抑菌使发酵时间延长，葡萄汁中的杂质沉降，得到澄清。

③溶解作用。SO_2与水生成亚硫酸，有利于果皮色素、酒石、无机盐等成分溶解，可增加浸出物的含量和酒的色度。

④抗氧化作用。SO_2阻碍破坏葡萄中的氧化酶，减少单宁、色素的氧化，阻止混浊、变色、褐变。

⑤增酸作用。SO_2与水生成亚硫酸氧化成硫酸，与有机酸盐作用，使酸游离，增加了酸的含量。

（2）添加量 各国法律法规都规定了葡萄酒中SO_2的添加量。我国发酵酒卫生标准中规定，成品酒总SO_2含量应低于250mg/L，游离SO_2含量应低于50mg/L。国际葡萄栽培与酿酒组织（O. I. V）提出了总SO_2的参考允许值，见表2-7。

表2-7 成品酒中SO_2的允许含量 单位：mg/L

种类	成品酒中总SO_2允许含量	成品酒中游离SO_2允许含量
干白	350	50
干红	300	30
甜酒	450	100

（3）添加方式 SO_2可以气体、液体、固体的方式添加。

①气体。燃烧硫黄绳、硫黄纸、硫黄块产生SO_2气体，通入发酵桶。

②液体。用市售浓度5%~6%的亚硫酸试剂。

③固体。用偏重硫酸钾，加入酒中与酒石酸反应产生SO_2。

二、葡萄酒发酵工艺

葡萄酒的发酵包括由酵母菌引起的酒精发酵和由乳酸菌引起的苹果酸-乳酸发酵两个过程。以下介绍红葡萄酒发酵工艺。

红葡萄酒一般采用红皮白肉或皮肉皆红的葡萄品种，可带皮进行前发酵或纯汁发酵。整个发酵期分为前发酵和后发酵两个阶段，发酵期分别为 5~7d 和 30d。发酵工艺可分为传统发酵工艺和现代发酵工艺，现代发酵工艺是在传统工艺下发展起来的，本章只介绍传统的发酵工艺。

1. 工艺流程

红葡萄酒发酵工艺流程见图 2-15。

2. 操作要点

（1）入池 发酵池经清洗后，用硫酸杀菌（20mL/m²），装好压板、压杆，泵入葡萄浆，装至发酵池的 75%~80%，添加 SO_2，加盖封口，入池 4~8h 后，醪液循环流动，开加入酒母，酒母的添加量为 1%~10%。

（2）前发酵 前发酵的主要目的是进行酒精发酵，浸出色素物质及芳香物质。前发酵进行的好坏是决定葡萄酒质量的关键。

①压盖。发酵时产生的 CO_2 带动葡萄皮、渣上浮，在葡萄汁表面形成很厚的盖子，称酒盖。酒盖与空气接触，易感染杂菌，影响葡萄酒质量，需将酒盖压入酒醪中，这一过程称压盖。可以人工压盖，用木棍搅拌，将皮渣压入汁液中，用泵将汁从发酵池底抽出，喷淋到皮盖上；还可以在发酵池四周制作卡口，装上压板，压板的位置恰好使皮盖浸于葡萄汁中。

②温度管理。红葡萄酒发酵温度一般在 25~30℃，温度过高过低都会影响发酵。入池后每天早晚测量品温，记录绘制温度变化曲线。根据情况，采用外循环冷却法、循环倒池法和池内蛇形管冷却法进行温度控制。

③成分管理。每天测定糖分下降状况，做好记录，绘出糖度变化曲线。

④其他管理。通常入池 8h 左右，液面即有气泡产生，若 24h

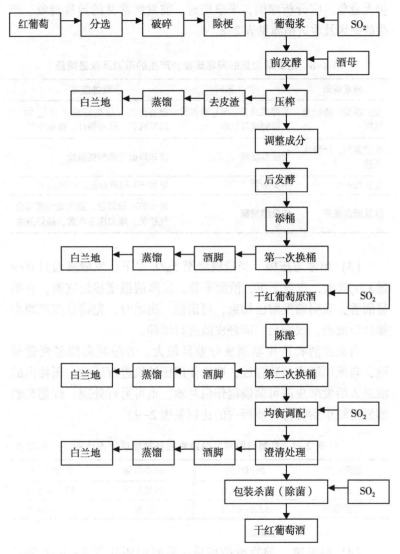

图 2-15　红葡萄酒发酵工艺流程

仍无迹象，应分析原因，采取措施。前发酵常见的异常现象、产生的原因及改进措施见表2-8。

表2-8　前发酵常见的异常现象、产生的原因及改进措施

异常现象	产生原因	改进措施
发酵缓慢，降糖速度慢	发酵温度低，SO_2 添加量大抑制酵母代谢	提高温度，加热部分果汁达 30～32℃ 混合；循环倒汁，接触空气
发酵剧烈，降糖速度快	发酵温度高	冷却降低发酵醪的温度
有异味产生	感染杂菌	增加 SO_2 的添加量，抑制杂菌
挥发酸含量高	感染醋酸菌	增加 SO_2 添加量，避免葡萄醪与空气接触，增加压盖次数，搞好卫生

（3）出池与压榨　当残糖降至5g/L以下，发酵液面只有少量 CO_2 气泡，皮盖下沉，液面平静，发酵液温度接近室温，有明显酒香，表明前发酵已结束，可出池。出池时，先将自流原酒由排汁口放出，放净后，清理皮渣进行压榨。

自流原酒和压榨原酒成分差异较大。若酿制高档名贵葡萄酒，自流原酒应单独存放，皮渣使用压榨机进行压榨，压榨出的酒进入后发酵皮渣可蒸馏制作白兰地，也可另行处理。红葡萄酒前发酵结束后各种物质所占的比例见表2-9。

表2-9　红葡萄酒前发酵结束后各种物质所占比例　　单位：%

物质名称	所占比例	物质名称	所占比例
皮渣	11.5～15.5	压榨原酒	10.3～25.8
自流原酒	52.9～64.1	酒脚	8.9～14.5

（4）后发酵　前发酵结束后，原酒中还残留 3～5g/L 的糖分，这些糖分在酵母作用下继续转化为酒精和 CO_2，酵母自溶沉

降，果肉、皮渣自行沉降，形成酒脚；原酒发生氧化还原作用、酯化反应、醇与水缔合反应，使酒变得柔和，风味完整；诱发苹果酸-乳酸发酵，起到降酸作用。后发酵的管理措施：尽可能在24h内下酒完毕；每天测量品温和酒度2~3次，做好记录，品温控制为18~20℃；定时检查水封头部，观察液面；后发酵时间为3~5d，一般可维持一个月左右，对这期间发生的异常现象，应分析原因，采取措施。后发酵常见的异常现象、产生的原因及改进措施见表2-10。

表2-10　后发酵常见异常现象、产生原因及改进措施

异常现象	产生原因	改进措施
气泡溢出多，且有声音	前发酵出池残糖高	泵回前发酵池进行前发酵
有臭鸡蛋味	SO_2 添加量大，产生 H_2S	立即倒罐
挥发酸升高	感染醋酸菌，将乙醇氧化成乙酸	加强卫生管理，增加 SO_2 量，隔绝空气

（5）**苹果酸-乳酸发酵**　葡萄酒在发酵后期至贮酒前期，有时出现 CO_2 逸出，并伴随着新酒浑浊，红葡萄酒色度降低，有时还有不良风味，显微镜检查发现有杆状和球状细菌，这种现象称苹果酸-乳酸发酵。其实质是乳酸菌将苹果酸分解成乳酸与 CO_2 的过程。苹果酸-乳酸发酵可降低酒的酸度，改善产品风味，提高酒的细菌稳定性。根据葡萄酒的种类、葡萄含酸量、葡萄品种、发酵工艺，采取相应的措施诱发、促进或抑制苹果酸-乳酸发酵。

三、葡萄酒的质量标准

葡萄酒质量要求按 GB/T 15037—94 执行，卫生要求按 GB 2758 执行。

（一）葡萄酒的感官指标

葡萄酒的感官指标见表2-11。

表2-11　葡萄酒感官要求

	项目	要求
外观	色泽　白葡萄酒 红葡萄酒 桃红葡萄酒	近似无色、微黄带绿色、浅黄色、禾秆黄色、金黄色 紫红色、深红色、宝石红色、红微带棕色、棕红色 桃红、淡玫瑰红、浅红色
	澄清程度	澄清透明，有光泽，无明显悬浮物（使用软木塞封口的酒允许有3个以下粒径不大于1mm的软木渣）
香气与滋味	香气　非加香葡萄酒 加香葡萄酒	具有纯正、优雅、怡悦、和谐的果香与酒香 具有优美、醇正的葡萄酒香与和谐的芳香植物香
	滋味　干、半干葡萄酒 甜、半甜葡萄酒	具有纯净、幽雅、爽怡的口味和新鲜悦人的果香味，酒体完整 具有甘甜醇厚的口味和陈酿的酒香味，酸甜协调，酒体丰满
	典型性	典型突出、明确

（二）葡萄酒的理化指标

葡萄酒的理化指标见表2-12。

表2-12　葡萄酒理化指标

项目	种类		要求
酒精度（20℃，V/V）/%	甜、加香葡萄酒 其他类型葡萄酒		11.0~24.0
总糖（以葡萄糖计）/(g·L⁻¹)	平静葡萄酒	干型 半干型 半甜型 甜型	≤4.0 4.1~12.0 12.1~50.0 ≥50.1
滴定酸度（以酒石酸计）/(g·L⁻¹)	甜、加香葡萄酒 其他类型葡萄酒		5.0~8.0 5.0~7.5
挥发酸（以乙酸计）/(g·L⁻¹)			≤1.1
游离SO₂/(mg·L⁻¹)			≤50
总SO₂/(mg·L⁻¹)			≤250

（续表）

项目	种类	要求
干浸出物/(g·L⁻¹)	白葡萄酒 红、桃红、加香葡萄酒	≥15.0 ≥17.0
铁/(mg·L⁻¹)	白、加香葡萄酒 红、桃红葡萄酒	≤10.0 ≤8.0

干浸出物/$(g \cdot L^{-1})$ —— 白葡萄酒 ≥15.0；红、桃红、加香葡萄酒 ≥17.0
铁/$(mg \cdot L^{-1})$ —— 白、加香葡萄酒 ≤10.0；红、桃红葡萄酒 ≤8.0

第四节　水果糖制品加工技术

一、果脯类制品

　　果脯蜜饯类不改变果蔬原有组织状态，利用糖的性质完成原料组织中水分与糖分的交换。一般要求糖分渗入组织越多、形态越饱满，制品质量越好。糖分渗入的快慢受下列因素影响：原料组织结构和化学成分。组织疏松，易透过；组织致密，含果胶、淀粉多的透过较慢；经热烫、切口或刺孔的，透糖快；温度高，糖分扩散快，因此热煮较冷浸为快；原料内部若形成部分真空，糖分扩散也快，因此有的采用热煮冷浸交叉进行；原料内外糖浓度差大，透糖快，但过大的差异反而会阻止糖分扩散，因原料在过浓糖液中表面会迅速失水，导致质壁分离，不利于糖分继续扩散入内。因此无论糖渍和糖煮都应分次加糖。

　　糖分渗入到原料的过程是逐渐完成的，需要一定的时间和适宜的糖浓度差，而且受温度的影响。掌握糖制时糖液的浓度、温度和时间是蜜饯加工的3个重要因素。

　　果脯蜜饯品种虽多，但其生产工艺基本相同，只有少数产品、部分工序、造型处理上有些差异。

　　1. 原料选择分级

　　糖制加工的果蔬原料必须重视原料的组织结构与组织成分对

渗糖的影响。在采用级外果、落果、劣质果、野生果等时，原料的选择就显得更加重要。必须在保证质量的前提下加以选择。对完好的正品原料，按照某一制品对原料的要求加以选择。

原料在加工前应按品质及大小分级，便于在加工中进行一系列处理，得到品质较一致的产品。分级前应先剔除霉烂变质、破碎残缺和病虫害严重的果实。

2. 洗涤、去皮、去核、切分、划线等处理

原料表面的污物及残留的农药必须清洗干净。洗涤方式有人工洗涤和机械洗涤，常用的机械洗涤有喷淋冲洗式、滚筒式和毛刷洗式等。

去皮、核、芯是加工中较烦琐、较费工的一道工序。操作对应根据各种果蔬的不同特点，选用各式刀具，如各种刨刀、削刀和挖芯刀等。此外，还有用热烫（如番茄、马铃薯等）或碱液去皮。碱液的浓度、温度、浸泡时间依据果蔬品种的不同而不同。碱液去皮应该适宜，只要求去掉不可食部分即可，碱液浸泡过度，会导致果肉软烂。碱液浸泡后一般再用稀酸溶液浸泡进行中和，然后用水充分清洗。

体型大的原料还需进行适当切分，以便于加工并使产品形状规格统一。切分方式有人工切分和机械切分。

有些原料不用去皮、切分，但需擦皮、划线或打孔处理，以便糖分渗透。

3. 护色、硬化处理

为防止褐变和糖制过程中不被煮烂，糖制前需对原料进行护色、硬化处理。

护色处理是用亚硫酸盐（使用浓度为 0.1%~0.3%）或硫黄（使用量为原料的 0.3%）进行浸渍或熏蒸处理，防止褐变，使果块糖制后色泽明亮，同时具有防腐、增加细胞透性、利于溶糖等作用。

二、果酱类制品

果酱类产品是先将原料打浆或制汁，再与糖配合，经煮制而成的凝胶冻状制品。由于原料细胞组织完全被破坏，因此其糖分渗入与蜜饯不同，不是糖分的扩散过程，而是原料及糖液中水分的蒸发浓缩过程。所以果酱类采用一次煮成法，而且浓缩时间越短，品质越好。

（一）果酱的分类及特点

按原料初处理的粗细不同（即基料不同）可分为4类品种。

①果酱。基料是带有果肉碎片的果酱，成品不成形。

②果泥。基料是磨成的均匀果肉细泥浆，成品不成形。

③果冻。基料是榨出的果汁，成品半透明、成形。目前市场上的果冻产品大部分不是用果汁制造，而是用琼脂或海藻酸钠、酸、糖、色素、香精等配比制成。

④干态果酱类制品。如山楂饼、果丹皮，加工过程最后通过烘干来完成。这类制品加工的重点是除去组织汁液的量与加糖的配合量。

（二）果酱的加工

果酱的工艺流程：原料选择→原料处理→打浆→配料→加热浓缩→装瓶→封口→杀菌、冷却→成品。

1. 原料选择

要求原料具有良好的色、香、味，成熟度适中，含果胶及含酸丰富。成熟度过高的原料，果胶及酸含量降低；成熟度过低，则色泽风味差，且打浆困难。剔除霉烂、成熟度过低等不合格原料。

原料含果胶及含酸量均为1%左右，不足时需添加和调整。果胶可用琼脂、海藻酸钠等增稠剂取代，酸主要是补加柠檬酸。

2. 原料处理

将选择后的原料清洗干净，有的原料还需要去皮、切分、去核、预煮和破碎等处理，再加糖煮制。

果泥要求质地细腻，在预煮后进行打浆、筛滤，或预煮前适当切分，在预煮后捣成泥状再打浆，有些原料还需经胶体磨处理。

以果汁加糖、酸制作果冻产品，其取汁方法与果蔬汁制作相同，但多数产品宜先行预煮软化，使果胶和酸充分溶出。

汁液丰富的果蔬，预煮时不必加水，肉质紧密的果蔬需加原料重 1～3 倍的水预煮。

3. 配料

(1) 配方 按原料种类和制品质量标准确定。一般要求是：糖的用量与果浆（汁）的比例为 1：1，主要使用砂糖（允许使用占总糖量 20% 的淀粉糖浆），低糖果浆与糖的比例约为 1：0.5。低糖果浆由于糖浓度降低，需要添加一定量的增稠剂。

成品总酸量为 0.5%～1%（不足加柠檬酸），成品果胶量为 0.4%～0.9%（不足加果胶或琼脂等）。

(2) 配料准备 所用配料如砂糖、柠檬酸、果胶粉或琼脂等，均应事先配制成浓溶液备用。

砂糖：加热溶解过滤，配成 70%～75% 的浓糖浆。

柠檬酸：用冷水溶解过滤，配成 50% 溶液。

果胶粉或琼脂等：按粉重的 2～4 倍加砂糖，充分拌匀溶解过滤。

(3) 投料顺序 果浆先入锅加热 10～20min 蒸发掉一部分水分，然后分批加入浓糖液，继续浓缩到接近终点时，按次加入果胶液或琼脂液，最后加柠檬酸液。在搅拌下浓缩至终点出现。注意加热时要不断搅拌，防止焦底和溅出。

4. 加热浓缩

加热浓缩是果蔬原料及糖液中水分的蒸发过程。常用浓缩方法和设备有常压浓缩和减压浓缩。

（1）常压浓缩 主要设备是带搅拌器的夹层锅。工作时通过调节蒸汽压力控制加热温度。为缩短浓缩时间，保持制品良好的色、香、味和胶凝力，每锅下料量以控制出成品 50~60kg 为宜，浓缩时间以 30~60min 为好。时间过长，影响果酱的色、香、味和胶凝力；时间太短，会因转化糖不足而在贮藏期发生蔗糖结晶现象。

浓缩过程要注意不断搅拌，防锅底焦化，出现大量气泡时，可洒入少量冷水，防止汁液外溢损失。

常压浓缩的主要缺点是温度高，水分蒸发慢，芳香物质和维生素 C 损失严重。制品色泽差，生产优质果酱，宜选用减压浓缩法。

（2）减压浓缩 又称真空浓缩，分单效、双效浓缩装置。

单效浓缩装置是一个带搅拌器的夹层锅，配有真空装置。工作时先抽真空，开启进料阀，使物料被吸入锅中，达到容量要求后，开启蒸汽阀和搅拌器进行浓缩。浓缩时锅内真空度为 0.085~0.095MPa，温度为 50~60℃。浓缩过程若泡沫上升剧烈，可开启空气阀，破坏真空抑制泡沫上升，待正常后再关闭。浓缩过程应保持物料超过加热面，防止煮焦。当浓缩接近终点时，关闭真空泵，开启空气阀，在搅拌下糖果酱加热升温至 90~95℃，然后迅速关闭空气阀出锅。

番茄酱宜用双效真空浓缩装置，通过蒸气喷射泵使整个设备装置成真空，将物料吸入锅内，由循环泵循环，加热器进行加热，然后由蒸发室蒸发，浓缩泵出料。整个设备由仪表控制，生产连续化、机械化、自动化，效率高，产品质量优，番茄酱浓度可高达 22%~28%。

（3）浓缩终点的判断 主要靠取样用折光计测定可溶性固形物浓度，达 65 波美度左右时即为终点，或凭经验控制。用匙取酱少许，倾泻时果酱难以落下，黏着匙底，甚至挂匙边（称挂片），或滴入水中难溶解即为终点；常压浓缩可用温度计测定酱体温度，达 104～105℃时，即为浓缩终点。

5. 装瓶、封口

装罐前容器先清洗消毒。果酱类大多用玻璃瓶或防酸涂料铁皮罐为包装容器，也可用塑料盒小包装；果丹皮、果糕等干态制品采用玻璃纸包装。

出锅后及时快速装罐密封，密封时的酱体温度不低于 80℃，封罐后应立即杀菌冷却。

6. 杀菌、冷却

果酱在加热过程中，微生物大多数被杀死，加上果酱高糖高酸对微生物也有很强的抑制作用，一般装罐密封后，残留于果酱中的微生物难以繁殖。工艺卫生条件好的生产厂家，可在封罐后静置数分钟，利用酱体余热进行罐盖消毒。但为了安全，在封罐后要进行杀菌处理，在 90～100℃下杀菌 5～15min，依罐体大小而定。

杀菌后马上冷却至 38～40℃，玻璃瓶要分段冷却，每段温差不要超过 20℃。然后用布擦去罐外水分和污物，送入仓库保存。

第三章　蔬菜加工技术

第一节　蔬菜干制品加工技术

干制又称干燥或脱水，是指在自然条件或人工控制条件下促使制品中水分蒸发的工艺过程。蔬菜干制品具有良好保藏性，能较好地保持蔬菜原有风味。蔬菜干制的目的主要是为了保藏，而且干制处理后的原料，质量减少和体积减小，方便运输。有的风味发生了一定的改变，形成了一种新的制品。

一、蔬菜干制生产的基本原理

新鲜蔬菜的含水量达 90%左右，水分在蔬菜中以游离水、胶体结合水、化合水三种状态存在，其中游离水占大部分，因此易受微生物感染。干燥时，游离水易排出，胶体结合水部分排除，化合水不能排出。经干制后的加工品，水分大部分被脱掉，相对地增加了内容物的浓度，提高了渗透压或降低了水分活度，能有效地抑制微生物活动和本身酶的活性，产品因此得以保存。

二、干制方法与设备

干制的方法较多，根据热量的来源不同，可分自然干制和人工干制两大类。最好的干制方法既要满足对干制品质量及其特性的要求，费用又比较低廉合理。因此，不同种类的果品或蔬菜，干制方法也有所不同。

自然干制是利用太阳辐射热、干燥空气达到果蔬的干燥，因而又可分晒干和风干两种方法。直接受日光暴晒的，称为晒干；在通风良好的室内或荫棚下干燥的，称为阴干或风干。自然干制优点是可以充分利用自然条件，节约能源，方法简易，处理量大，设备简单，成本低；缺点是受气候限制，干燥过程慢，干燥时间长，干燥过程不能人为控制，产品质量较差，被干燥的原料容易受到污染和灰尘、虫、鼠等的危害。目前广大农村和山区还是普遍采用自然干制方法生产柿饼、笋干、金针菇、香菇等。

人工干制是在人工控制的条件下利用各种能源向物料提供热能，并造成气流流动环境，促使物料水分蒸发排离。优点是不受气候限制，干燥速度快，产品质量高；缺点是设备投资大，消耗能源，成本高。生产上有时采用自然和人工干制相结合进行干燥。人工干制方法如下。

（一）干制机干燥

即利用燃料加热，以达到干燥的目的，是我国使用得最多的一种干燥方法，普通干燥所用的设备，比较简单的有烘灶和烘房，规模较大的用干制机。干制机的种类较多，生产上常用的为隧道式干制机和带式干制机。

1. 隧道式干制机

隧道式干制机是一种长形通道干燥设备，原料在载体上（载车、传送带等）沿隧道间隔地或连续地通过而实现干燥。隧道有单隧道式、双隧道式和多隧道式等几种，形状大小不一，隧道由干燥间和加热间两部分组成，加热间设在单隧道干燥间的侧面或双隧道干燥间的中央，在加热间的一端或两端装设加热器和吹风机，推动热空气进入干燥间，经过原料使其水分蒸发而干燥。废气一部分从排气筒排出，另一部分回到加热间经升温后重新利用。隧道式干燥机根据原料和干燥介质的运行方向，分为逆流式、顺流式和混合式三种。

2. 带式干制机

带式干燥机的传送带由金属网或相互连锁的漏孔板组成。将原料铺在传送带上，在向前转动时与干燥介质接触而吸热干燥。Dw 系列带式干燥机是成批生产用的连续式干燥设备，主要用于透气性较好的片状、条状、颗粒状物料的干燥，对于脱水蔬菜等含水量高、而物料温度不允许过高的物料尤为合适。该系列干燥机具有干燥速度快、蒸发强度高、产品质量好的优点。

此外还有滚筒式干燥机，是由 1~2 个钢质滚筒组成，它既是加热部分，又是干燥部分，原料在滚筒上进行干燥。适用于浆状物料的干燥。

(二) 冷冻干燥

冷冻干燥又称冷冻升华干燥或升华干燥，是使食品在冰点以下冷冻，其中的水分变成固态冰，然后在真空下使冰升华为蒸汽而除去，达到干燥的目的。

正常情况下，空气压力为 1.013×10^5 Pa 时，水的沸点 100℃。随着压力下降，水的沸点也下降。当空气压力下降到 6.105×10^2 Pa 时，水的沸点就变为 0℃，而这个温度也同样是水的冰点，称为水的三相点（冰、水与汽共存）。若空气压力降低到 6.105×10^2 Pa 以下，水的沸点也下降到 0℃ 以下，水则完全变成冰，只有固态、气态存在。它们在不同的温度下具有其相应的饱和蒸气压。

在相应的温度及饱和蒸气压下，冰、汽处于动态平衡状态。但若温度不变而压力减小，或者压力不变而温度上升时，冰、汽平衡便被打破，冰就直接升华为汽，使水分得以干燥。由于物料中水分干燥是在低温下进行的，挥发物质损失很少，营养物质不会因受热而遭到破坏，表面也不会硬化结壳，体积也不会过分收缩，使得原料能够保持原有的色、香、味及营养价值。

(三) 微波干燥

微波干燥就是利用微波加热的方法使物料中水分得以干燥。

微波是指频率为 300~300 000MHz，波长为 1~1 000mm 的高频交流电。常用加热频率为 915MHz 和 2 450MHz。

微波干燥具有以下优点：干燥速度快，加热时间短；热量直接产生在物料的内部，而不是从物料外表向内部传递，因而加热均匀，不会引起外焦内湿现象；水分吸热比干物质多，因而水分易于蒸发，物料本身吸热少，能保持原有的色、香、味及营养物质；还具有热效率高、反应灵敏等特点。此方法在欧美及日本已大量应用，我国正在开始应用。

（四）远红外干燥

远红外干燥是利用远红外线辐射元件发生的远红外线为被加热物体所吸收，直接转变为热能而使水分得以干燥。红外线的波长范围在 0.72~1 000μm 的电磁波，一般把 5.6~1 000μm 区域的红外线称为远红外线，而把 5.6μm 以下的称为近红外线。干燥时，物体中每一层都会受到均匀的热作用。具有干燥速度快、生产效率高、节约能源、设备规模小、建设费用低、干燥质量好（物料表面及内部的分子可同时吸收远红外线）等优点。

（五）减压干燥

水的沸点随压力的降低而降低，在真空条件下，采用较低的温度就能脱除原料的水分，特别适用于热敏性的原料干燥。

除干燥设备外，干制还需要清洗设备如清洗机、去皮设备、切分设备；热烫设备如连续螺旋式或刮板式连续预煮机；沥水设备如离心机；包装设备如薄膜封口机、抽真空或充气封口机。

三、干制技术

（一）原料选择

干制对原料的要求是干物质含量高，粗纤维和废弃物少、可食率高，成熟度适宜，新鲜、风味好，无腐烂和严重损伤等。

（二）清洗

用人工清洗或机械清洗，清除附着的泥沙、杂质、农药和微生物，使原料基本达到脱水加工的要求，保证产品的卫生。

（三）整理

除去皮、核、壳、根、老叶等不可食部分和不合格部分，并适当切分。去除原料的外皮或蜡质，可提高产品的食用品质，又有利于脱水干燥。

去皮的方法有手工去皮、机械去皮、热力去皮和化学去皮等多种。

切分采用机械或人工作业，将原料切分成一定大小和形状，以便水分蒸发。蔬菜一般切成片、条、粒和丝状等，其形状、大小和厚度应根据不同种类与出口规格要求。对某些蔬菜，如葱、蒜等在切片过程中还需用水不断冲洗所流出的胶质汁液，直至把胶质液漂洗干净为止，以利于干燥脱水和使产品色泽更加美观。

（四）护色处理

脱水菜以烫漂处理护色。有些原料还在烫漂后或在干燥后再用硫处理护色（主要是控制非酶褐变）。

硫处理方法有熏硫和浸硫两种方法：熏硫法是在密封室中燃烧硫黄，每吨原料用硫黄粉 2~3kg，待熏至果肉变色变软，表面有水滴出现，并带有浓厚的二氧化硫气味时，停止熏硫，取出原料风干至水量为 30% 时，再熏硫 1 次，最后密封贮存；浸硫法是用 1.5%~2.5% 亚硫酸盐溶液浸泡，时间约为 15min，溶液可以连续使用几次（时间酌情增加 1~2min 或适量补加亚硫酸盐）。

烫漂（又称热烫、预煮等）是一种短时的热处理及迅速冷却过程，是最常用的控制酶促褐变的方法。烫漂是果蔬干制、糖制、速冻等多种加工方法不可缺少的工序，其烫漂作用要求有所不同，但目的基本一样，主要包括：钝化酶活性，保持色泽和风味；破坏原料细胞结构，利于水分、盐等渗透（对干制即利于脱水干燥）；排出原料组织中的空气，使原料有透明感和体积缩小，便于装罐或包装；去除一些不良风味如涩味、苦味、辣味等；可杀灭原料表面附着的大部分微生物和虫卵。

常用的热烫方法有沸水和蒸汽两种。温度为 95~100℃，热烫过程中要保持水温稳定。为加强护色效果，沸水热烫还可加入 0.2%碳酸氢钠（绿色蔬菜如青豆荚）或 0.1%柠檬酸（浅色蔬菜如马铃薯）等。热烫时间根据果蔬种类、形状、大小等而定。以钝化酶活性为目的，尽量缩短时间（通常为 2~5min，也有的只有几秒钟）。热烫后立即取出原料用冷水或冷风冷却，防止热烫过度。一般以过氧化物酶失活的程度，来检验热烫是否适当。方法是将经热烫后的原料切开，在切面上分别滴几滴 0.1%愈创木酚或联苯胺和 0.5%过氧化氢。若变色（褐色或蓝色），则热烫不足；若不变色，则表示酶已失去活性。

原料干制前要沥干水分，生产上常用振动筛和离心机脱水。对于叶菜类，用离心机可脱掉湿菜重约 20%的水分，能显著提高干燥速率。

（五）干燥

最佳的干燥方法有冷冻干燥、真空干燥及微波干燥。但综合考虑成本、经济效益等因素，目前蔬菜干燥使用最多的是热风干燥设备。当然也可采用自然干燥方法。出口脱水蔬菜通常采用隧道式热风干制机进行脱水干燥。具体操作如下。

1. 摊筛

将处理后的物料平铺在竹筛或不锈钢网筛上。烘筛多为长方形。一般大小为 1.0m×1.0m×0.48m，筛孔以 6mm×6mm 见方为好，每只烘筛铺料 2.0~5.0kg，具体因不同蔬菜种类而异。

2. 装车

将铺好物料的烘筛装入载料烘车架上。每车有 18~20 层，可放置 36~40 只烘筛。

3. 入烘

装满的烘车可沿着地面轨道，推入烘房脱水干燥，每隔一定时间即从烘房进口处递增一架载料烘车，从出口处卸出一架已完成脱水的载料烘车。如此连续不断地进行脱水作业，一条烘房一般可容纳 8~9 架载料烘车。烘房温度通常控制在 60℃ 左右，一般不超过 80℃，经 6~8h 即可完成，以出烘产品的含水量而定。温度过高会因骤然高温导致物料组织中的汁液迅速膨胀，造成内容物流失、结壳和焦黑。

四、干制品的包装与贮藏

（一）干制品的处理及包装

原料完成干燥后，有些可以在冷却后直接包装，有些则需经过回软、挑选、压块和除虫处理后才能包装。

1. 回软

通常称均湿或水分的平衡，其目的是使干制品变软，使水分均匀一致。回软的方法是在产品干燥后，剔除过湿、过大、过小、结块及细屑，待冷却后，立即堆集起来或放在大木箱中密封，使水分达到平衡。回软期间，箱中过干的成品从尚未干透的制品中吸收水分，于是所有干制品的含水量便达到一致，同时产品的质地也稍显疲软。菜干回软所需时间为 1~3d。

2. 挑选

在回软后或回软前剔除产品中的碎粒、杂质等，然后倒入拣台，拣除不合格产品。挑选操作要迅速，以防产品吸潮和水分回升。挑选后的成品还需进行品质和水分检验，不合格者需进行复烘。

3. 压块

蔬菜干制后，质量大大减轻，但体积减小程度相对较少。其制品体积膨松、容积大、不利于包装和贮运，且间隙内空气多，产品易被氧化变质。所以，蔬菜干制品在包装前常需压块。

一般脱水蔬菜压块是在脱水的最后阶段，温度为 60~65℃ 时进行。若干燥后产品已经冷却，压块时则易引起破碎，故在压块之前常需喷热蒸气，然后立即压块。喷气压块的蔬菜，应与等量的生石灰同贮，以降低产品的含水量。生产中，脱水蔬菜从干制机中取出以后不经回软便立即趁热压块。

4. 防虫处理

干制品中常混杂有虫卵，若包装破损或产品回潮，可发生虫害，故应对干制品进行防虫处理。常用的防虫方法有低温贮藏、热力杀虫和熏蒸剂杀虫等。

5. 包装

干制产品的包装宜在低温、干燥、清洁和通风良好的环境中进行，最好能够进行空气调节并将相对湿度控制在 30% 以下，避免干制品受灰尘污染、吸潮及害虫侵入。包装对干制品的耐藏性影响很大，因此宜尽快包装。

包装要求：选择适宜的包装材料，并且严格密封，能有效地防止干制品吸湿回潮，以免结块和长霉；能有效防止外界空气、灰尘、昆虫、微生物及气味的入侵；避光；容器经久牢固，在贮藏、搬运、销售过程中及高温、高湿、浸水和雨淋的情况下不易破损；包装的大小、形态及外观应有利于商品的推销；包装材料应符合食品卫生要求；包装费用应合理。

（二）干制品的贮藏

1. 影响干制品贮藏质量的因素

影响蔬菜干制品贮藏效果的因素很多，如原料的选择与处理、干制品的含水量、包装、贮藏条件及贮藏技术等。

（1）原料的选择与处理 一般原料要选择新鲜、完整、成熟度适宜的材料，充分洗净后，能提高干制品的保藏效果，烫漂比未烫漂的蔬菜能更好地保持其色、香、味，并降低在贮藏中的吸湿性；经过熏硫处理的干制品比未经熏硫的易于保色和避免微生物、害虫的侵染危害。

（2）干制品的含水量 干制品的含水量对保藏效果影响很大，在不影响干制品品质的前提下，应尽量降低干制品的含水量。一般含水量降到 6% 以下，贮藏期间变色和维生素损失都可大为减少；当含水量超过 8% 时，大多数的干制品的保藏期都会缩短，另外还会促使昆虫卵的发育生长，侵害干制品。

脱水菜在食用前必须先行复水，方法一般是先把脱水菜浸在 12~16 倍质量的冷水里 0.5h，再迅速煮沸并保持沸腾 5~7min，复水以后，按常法烹调。

干制品复水性是干制生产过程中控制产品质量的重要指标。复水性好，品质高。干制品复水性部分受原料加工处理的影响，部分因干燥方法而有所不同。蔬菜复水率或复水倍数依种类、品种、成熟度、干燥方法等不同而有差异。据研究，加工时未经酶钝化的蔬菜胡萝卜素损耗量可达 80%，所以在制定干制工艺时应综合考虑各方面因素的影响。

复水时，水的用量和质量关系很大。如用水量过多，可使花青素、黄酮类色素等溶出而损失。水的 pH 值不同也能使色素的颜色发生变化，此种影响对花青素特别显著。白色蔬菜主要是黄酮类色素，在碱性溶液中变为黄色，所以马铃薯、花椰菜、洋葱等不能用碱性的水处理。水中含有的金属离子会使花青素变色。水中如果有碳酸氢钠或亚硫酸钠，易使干制品软化，复水后变软烂。硬水常使豆类质地粗硬，影响品质，含有钙盐的水还能降低吸水率。

（3）包装 干制品一般采用瓦楞纸箱包装，箱内套衬防潮铝箔袋和塑料袋密封，对于易氧化褐变的产品，需用复合塑料袋加铝箔袋盛装，每箱净重 20kg 或 25kg。

（4）贮藏 产品包装好后最好保存在 10℃ 左右的冷库中。

贮藏库必须干燥、凉爽、无异味、无虫害。贮藏期间要定期检查成品含水量及虫害情况。

2. 干制品标准

由于干制品具有特殊性，大多数产品没有国家统一制定的产品标准，只有生产企业参照有关标准制定的地方企业产品标准。蔬菜干制品的质量标准主要有感官指标、理化指标和微生物指标。产品不同时，其质量标准尤其是感官指标差别很大。

（1）感官指标

①外观。要求整齐、均匀、无碎屑。对片状干制品要求片型完整，片厚基本均匀，干片稍有卷曲或皱缩，但不能严重弯曲，无碎片；对块状干制品要求大小均匀，形状规则；对粉状产品要求粉体细腻，粒度均匀，不黏结，无杂质。

②色泽。应与原有蔬菜色泽相近，色泽一致。

③风味。具有原有蔬菜的气味和滋味，无异味。

（2）理化指标　主要是含水量指标，果干的含水量一般为15%~20%；脱水菜的含水量一般为6%左右。

（3）微生物指标　一般蔬菜干制品无具体微生物指标，产品要求不得检出致病菌。

（4）保质期　一般干制蔬菜制品保质期在半年以上。

第二节　蔬菜速冻加工技术

蔬菜类属于活性食品，一般只进行冷却冷藏。但是，在冷却冷藏条件下，贮藏期短，常年供应困难，也不适合长距离运输与销售。为克服以上缺点，达到长期贮藏以及出口创汇的目的，则必须对蔬菜类食品进行速冻。下面介绍几种蔬菜的速冻加工过程。

一、速冻蘑菇

原料挑选→护色→漂洗→热烫→冷却→沥干→速冻→分级→复选→镀冰衣→包装→检验→冷藏。

1. 原料挑选

蘑菇原料要求是新鲜、色白或淡黄，菌盖直径 5～12cm，半球形，边缘内卷，无畸形，允许轻微薄菇，但菌褶不能发黑、发红，无斑点，无鳞片。菇柄切削平整，不带泥根，无空心，无变色。

2. 护色、漂洗

将刚采摘的蘑菇置于空气中，一段时间后在菇盖表面即出现褐色的采菇指印及机械伤痕。引起这种变色的主要原因是蘑菇所含有的酚类物质在多酚氧化酶催化下发生氧化，称为酶促褐变。酶促褐变的发生，需要 3 个条件：适当的酚类底物、酚类氧化酶和氧。控制酶促褐变，主要从控制酶和氧两方面入手，具体方法：将采摘的蘑菇浸入 300×10^{-6} 的 Na_2SO_3 溶液或 500×10^{-6} 的 $Na_2S_2O_3$ 溶液中浸泡 2min 后，立即将菇体浸泡在 13℃ 以下的清水中运往工厂。也可在 Na_2SO_3 或 $Na_2S_2O_3$ 溶液中浸泡 2min 后捞出沥干，再装入塑料薄膜袋，扎好袋口并放入木桶或竹篓运往工厂，到厂后立即放入温度为 13℃ 以下的清水池中浸泡 30min，脱去蘑菇体上残留的护色液。这一方法能使蘑菇色泽在 24h 以内变化不大，这样加工的蘑菇产品能符合质量标准。

3. 热烫

蘑菇热烫的目的主要是破坏多酚氧化酶的活力，抑制酶促褐变，同时赶走蘑菇组织内的空气，使组织收缩，保证固形物的要求，还可增加弹性，减少脆性，便于包装。当利用亚硫酸盐护色时，利用热烫还可起脱硫的作用。为了减轻非酶褐变，常在热烫液中添加适量的柠檬酸，以增加热烫液的还原性，改进菇色。

热烫方法有热水或蒸汽两种，用蒸汽的方法因可溶性成分损失少而风味浓郁，但菇体的色泽较深。用热水热烫时，某些营养成分、风味物质损失较大，但可以在热水中加入抗氧化剂或漂洗剂，改善菇体的外观色泽。热水热烫设备通常是螺旋式连续热烫机，原料由进料口进入筛筒热水中热烫，蒸煮液由筛筒的小孔进出，利用螺旋推进法，将原料在热水中不断地往前推进，直至出料口的斜槽流送至冷却槽中冷却，也可采用夹层锅或不锈钢热烫槽。热烫水温应保持在 96~98℃，水与蘑菇的比例应大于 3：2，热烫时间应根据菇盖大小控制在 4~6min，以煮透为准。为避免蘑菇烫煮后的色泽发黄变暗，通常可在热烫水中加 0.1%的柠檬酸以调节煮液酸度，并注意定期更换新的煮液。热烫时间不宜过长，以免蘑菇色泽加深、组织老化、弹性降低、失水失重。菇体细胞骤然遇冷表面产生皱缩现象。

4. 冷却

热烫后的蘑菇要迅速冷却。为保持蘑菇原有的良好特性，热烫与冷却工序要紧密衔接，首先用 10~20℃的冷水喷淋降温，随后再浸入 3~5℃的冷却水池中继续冷透，以最快的速度把蘑菇的中心温度降至 10℃以下。这种两段冷却法可避免菇体细胞骤然遇冷表面产生皱缩现象。在冷却过程中要注意冷却水池中的水温变化和水质的清洁卫生，冷却水含余氯 $(0.4~0.7)×10^{-6}$。

5. 沥干

蘑菇速冻前还要进行沥干，否则蘑菇表面含水分过多，会冻结成团，不利于包装，影响外观。而且，过多的水分还会增加冷冻负荷。沥干可用振动筛、甩干机（离心机）或流化床预冷装置进行。

6. 速冻

蘑菇速冻采用流化床速冻机，该机为单体快速冻结设备，在一个隔热保温箱内安装筛网状输送机、蒸发器和冷风机。原料放置在水平筛网上，在高速低温气流的带动下，原料层产生"悬浮"现象，使原料呈流体一样不断蠕动前进并冻结。由于强冷气流从筛孔底向上吹，把物体托浮起来，彼此分离，单体原料周围被冷风包裹而完成冻结。冻结温度为-35~-30℃，冷气流速4~6m/s，冻结时间为12~18min，使蘑菇中心温度达-18℃以下。冻结完毕，冻品由出料口滑槽连续不断地流出机外，落到皮带输送机上，送入-5℃的低温车间，接入下一道工序。这样不停机地连续生产，通常每隔7h要停机，用冷却水除霜一次。

7. 分级

速冻后的蘑菇应进行分级，按菌盖大小可分为4级：大大级、大级、中级、小级。分级可采用滚筒式分级机或机械振筒式分级机。

8. 复选

复选是保证蘑菇成品品质的重要一环。将分级后的蘑菇置于不锈钢或无毒塑料台板上进行挑拣。剔除不符合质量标准的锈斑、畸形、空心、脱柄、开伞、变色菇、薄菇等不合格的劣质菇。

9. 镀冰衣

为了保证速冻蘑菇的品质，防止产品在冷藏过程中干耗及氧化变色，蘑菇在分级、复选后还应镀冰衣。镀冰衣有一定技术性，既要使产品包上一层薄冰，又不能使产品解冻或结块。具体方法：把5kg蘑菇倒进有孔塑料筐或不锈钢丝篮中，再浸入1~3℃的清洁水中2~3s，拿出后左右振动，摇匀沥干，并再操作1次。冷却水要求清洁干净，含余氯0.4~0.7mg/kg。

10. 包装

包装必须保证在-5℃以下低温环境中进行，温度在-1~-4℃以上时速冻蘑菇会发生重结晶现象，极大地降低速冻蘑菇的品质。包装间在包装前1h必须开紫外线灯灭菌，所有包装用工器具，工作人员的工作服、帽、鞋、手均要定时消毒。内包装可用耐低温、透气性低、不透水、无异味、无毒性、厚度为 0.06 ~ 0.08mm 聚乙烯薄膜袋。外包装纸箱，每箱净重 10kg，纸箱表面必须涂油，防潮性良好，内衬清洁蜡纸，外用胶带纸封口。所有包装材料在包装前须在-10℃以下低温间预冷。速冻蘑菇包装前应按规格检查，人工封袋时应注意排出空气，防止氧化。用热合式封口机封袋，有条件的可用真空包装机装袋。装箱后整箱进行复磅。产品合格后在纸箱上打印品名、规格、重量、生产日期、贮藏条件和期限、批号和生产厂家。用封口条封箱后，立即入冷藏库贮存。

11. 冷藏

将检验后符合质量标准的速冻蘑菇迅速放入冷藏库冷藏。冷藏温度-20~-18℃，温度波动范围应尽可能小，一般控制在 1℃以内，速冻蘑菇宜放入专门存放速冻蔬菜的专用库。在此温度下冷藏期限 8~10 个月。

二、速冻玉米

（一）工艺流程

玉米果穗→人工去皮→洗净并剔除杂质→蒸煮→急剧冷却→沥干水分→速冻→包装→冷藏。

（二）操作要点

1. 采收糯玉米果穗

一般在糯玉米授粉后 22~27d 时采收为宜，此时玉米籽粒基本达到最大，胚乳呈糊状，粒顶将要发硬，用手指可掐出少许浆状水。为减少营养成分的损失，一般要求采收后立即加工处理，不能在常温下过夜。

2. 人工去皮

去除病虫害和秃尖部分，剪去花丝残余，去穗柄，要求保留靠籽粒的一层嫩皮，也可根据需要将玉米穗切整齐。

3. 清洗

用清水将玉米冲洗干净并去除杂质。

4. 蒸煮

根据收获玉米的老嫩，在105℃温度下，老穗蒸15min，嫩穗蒸10min，以熟透为宜。

5. 急剧冷却

用温度4~8℃的净水，使糯玉米的中心温度急剧冷却到25℃以下，目的是防止果穗籽粒脱水，之后沥干玉米上的水分。

6. 速冻

采用速冻可减少玉米营养成分的损失。方法是用速冻机在-30℃进行速冻，速冻越快，质量越好。速冻的方法有两种：一是干法速冻，即将处理好的玉米棒直接速冻；二是湿法速冻，即将玉米棒放入含有6.5%的糖和2%的盐的溶液中浸泡后再速冻。湿法速冻比干法速冻的产品味道好，色泽鲜。

7. 包装冷藏

速冻好的玉米用塑料袋包装后送入-18℃的冷藏库冷藏。

三、速冻青豌豆

（一）工艺流程

原料挑选→洗涤→烫漂→冷却→甩干→速冻→冷藏。

（二）操作要点说明

1. 原料挑选、洗涤

选白花品种为宜，它不易变色且含糖量高，淀粉低，质地柔软，风味爽口，但此期很短，应严格掌握，往往推迟采摘1d，质量相差悬殊，如采收早，则水多、粒小、糖低、易碎；采收过迟，则质地粗劣、淀粉多、风味不好。在2.7%盐水中浮选，以7~8mm，8~9mm、9~10mm和10mm以上分级，用冷水冲洗。

2. 烫漂

在100℃水中灭酶2~4min，并及时在冷水中冷却，把不完整粒去除。

3. 甩干

用甩干机，转速2 000r/min，30s甩干水分。

4. 速冻

在-30℃下速冻，使中心温度达到-18℃。

5. 装盒

每盒籽粒有0.4kg、1kg、2.5kg、10kg等规格。

6. 冷藏

贮于-18℃的冷库中。

第三节　蔬菜腌制品加工技术

一、腌制品加工基本原理

利用食盐对蔬菜进行加工称腌制（渍），其加工产品称腌制品。蔬菜腌制是食品保藏的一种手段，也是提高风味的一种方法。蔬菜腌制过程中，利用食盐的防腐能力、微生物的发酵作用以及添加香料等方法来抑制有害微生物的活动，而达到防腐的目的。

二、腌制品分类

蔬菜腌制是一种古老的蔬菜加工贮藏方法，不论在我国还是国外都有着悠久的历史。由于其加工方法与设备简单易行，所用原料可就地取材，故在不同地区形成了许多独具风格的名特产品，如重庆涪陵榨菜、四川冬菜、江苏扬州酱萝卜干、北京八宝酱菜、贵州独酸菜、四川泡菜和山西什锦酸菜等。在生活水平相对落后的年代，腌制蔬菜主要为家庭式自制自食，其目的是为了延长蔬菜的贮藏及食用期来弥补粮食的不足。随着现代生活水平的不断提高，人们的饮食结构发生了极大的变化，现代人食用腌菜已不再是为了解决温饱，而是为了调节口味，特别是腌菜具有的助消化、消油腻、调节脾胃等作用，深受都市人们的青睐。腌制蔬菜所用的原料来源广泛，一般果蔬的腌制品包括泡菜、咸菜、酱菜等许多产品。蔬菜腌制主要有以下方法。

1. 腌制法

主要利用高浓度盐液来保藏蔬菜，并通过腌制，增进蔬菜风味。

2. 泡制法

在低浓度盐下，利用乳酸菌发酵蔬菜内部糖分生成乳酸，从而达到保藏蔬菜的目的，并赋予蔬菜以特殊的风味。

3. 酱制法

经过盐腌的蔬菜，浸入酱内进行酱渍，使酱液的鲜味、芳香、色泽及营养物质等渗入蔬菜组织内，增加其风味，称为酱制法。

4. 糖醋制法

蔬菜经过盐腌后，浸入配制好的糖醋液中，使制品甜酸可口，并利用糖醋的防腐作用保存蔬菜。

三、泡菜的腌制

（一）生产工艺流程

原料挑选→清洗→切分→调味→装坛→发酵→成品。

（二）方法步骤

1. 原料挑选

能制作泡菜用的蔬菜很多，在选择时，一般应选择质地紧密，腌渍后仍能保持脆嫩状态的原料。可作泡菜用的主要蔬菜

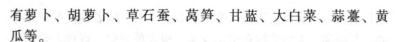
有萝卜、胡萝卜、草石蚕、莴笋、甘蓝、大白菜、蒜薹、黄瓜等。

2. 清洗、切分、调味

制作泡菜的水一般应为硬水，泡菜坛要预先洗净。原料切分后调味，装坛时应先加盐水，浓度为 8%～10%，等盐水冷却后再加入原料。

3. 装坛

装坛时应装满，并将原料淹没在盐水的下面。装好后，液面距坛口 6～7cm。然后盖上坛盖，并在坛口边的槽内加清洁的水以封闭坛口。应注意槽内的水切不可带到坛内，且应经常保持清洁。

4. 发酵

坛子应放在温暖的地方进行发酵，10～14d 即可食用。然后将坛移到阴凉处。

使用过的泡菜液，只要不变质，可继续使用，而且泡制的时间将比第一次缩短。泡菜水的时间越长，菜的风味越浓厚。但是，在用陈泡菜水时，应同时加适量的食盐，以保持一定的浓度。一般按 1kg 菜加 50～70g 盐的比例，方法是装一层菜撒一层盐。

（三）质量要求

清洁卫生，色泽美观（具有原料本色），香气浓郁，质地清脆，组织细嫩，咸酸适度，微有甜味和鲜味，尚能保持原料原有风味，含盐量 2%～4%，含酸量（以乳酸计）0.4%～0.8%。

第四章　畜产品加工技术

畜牧类产品是指人工饲养、繁殖取得和捕获的各种畜禽及初加工品。主要包括肉类产品、乳类制品、蛋类产品及其他畜牧产品等。人类对畜产品的人工处理过程，称为畜产品加工，即凡是以动物产品为原料的加工生产都属于它的研究范围，主要包括肉、乳、蛋及其他副产品的加工生产。

第一节　肉类制品加工技术

一、冷鲜肉

冷鲜肉，又名冷却肉、冰鲜肉，主要是肌肉中的肌醣元在酶的影响下，酵解为乳酸，使肉的酸度增加，故又称"肉的排酸"，肉中核蛋白三磷腺苷的分解，最终产生磷酸和次黄嘌呤，使肉的香味增加，蛋白质中肌凝蛋白在酶的影响下产生谷氨酸，增加肉的鲜味。

（一）冷鲜肉的加工工艺流程

猪、牛屠宰→胴体处理→冷却→胴体分割→分割肉冷却→冷却肉保鲜处理→包装。

（二）冷鲜肉的加工工艺

1. 一次冷却工艺

冷却前先将冷却间的干式冷风机融好霜，然后将冷却间的温度降至-4~-3℃，相对湿度在95%~98%后再入货。入货时应做到一边入货，一边供液，一边开冷风机。入完货后应使冷却间的温度≤0℃为好。冷却期间的空气流速应控制在 0.5~2m/s，当肉冷却到 8~10h 后，室温应保持在-2~0℃，相对湿度在 90%~92%。这样既能保证肉体表面形成干燥膜，抑制微生物的繁殖，又能防止肉体内的水分过多蒸发而引起质量损失。再经 10h 左右使肉体大腿最厚部位温度达到 0~4℃。

冷鲜肉的生产常用冷风机进行吹风冷却，需在特定的冷库中进行，库内保护黑暗以免光线加速脂肪氧化，防止霉菌和微生物入侵，可装紫外线灯，每昼夜照射 5h，冷鲜肉加工不能使胴体冻结，肉体需吊挂或铺于肉架上，保持 3~5cm 的距离，不得堆积，入货前冻库温应保护-2℃，进肉后保持 0~4℃，在相对湿度86%~90%，空气流速 0.15~0.5m/s 的环境下，经过 14~20h，当肉的中心温度达到 0~4℃即可。

2. 二次冷却工艺

二次冷却工艺又称两阶段快速冷却工艺。采用二段冷却工艺，第一段冷却在-20℃以下，时间 1.5~2.5h，第二段冷却 0~4℃，时间 10~12h。其主要特点是采用较低的温度和较高的风速，在适当的时间内冷却。第一阶段是先将冷却间的干式冷风机融好霜，然后将冷却间的温度降至-15~-10℃后一次性入货。入货时应做到一边入货，一边供液，一边开冷风机，室内空气流速应控制在 1.5~3m/s，经 2~4h 后使肉表温度降至-2℃左右，肉的干燥膜较快形成，而肉体内部温度在 16~25℃；第二阶段是将肉体放在室温 0~-2℃，空气流速为一般自然循环，即在设有动力情况下利用蒸发器、空气和货物之间的温差而形成的较慢风速，经10~16h，使肉体内部温度均衡降至 3~6℃，即完成肉的冷却过程。

（三）冷鲜肉操作注意事项

①胴体要经过修整、检验和分级。

②冷却间符合卫生要求。

③吊轨间的胴体按"品"字形排列。

④不同等级的肉，要根据其肥度和重量的不同，分别吊挂在不同位置。肥重的胴体应挂在靠近冷源和风口处。薄而轻的胴体挂在距排风口的远处。

⑤进肉速度快，并应一次完成进肉。

⑥冷却过程中，尽量减少人员进出冷却间，保持冷却条件稳定，减少微生物污染。

⑦在冷却间按平均 $1W/m^3$ 的功率安装紫外线灯，每昼夜连续或间隔照射 5h。

⑧冷却终温的检查。胴体最厚部位中心温度达到 0~4℃，即达到冷却终点。一般冷却条件下，牛半片胴体的冷却时间为 48h，猪半片胴体为 24h 左右，羊胴体约为 18h。

二、酱卤肉制品

卤制品属于一般熟肉制品，其特点是突出原料原有的口味及色泽。调味品主要用盐及少量酱油，以其原有的色、香、味为主。酱制品皮嫩肉烂，肥而不腻，香气浓郁，味美可口。

(一) 道口烧鸡加工

道口烧鸡，产于河南省滑县道口镇，历史悠久，风味独特，是我国著名的地方特产。创始于清朝顺治年间，经道口世家"义兴张"在家传秘方的基础上，结合宫廷烧鸡技术反复改进，精益求精，使烧鸡的色、香、味、形日臻完美，从此道口烧鸡驰名各地，畅销四方。

1. 产品配方

100 只鸡（重量 100~125kg），食盐 2~3kg，硝酸钠 18g，桂皮 90g，砂仁 15g，草果 30g，良姜 90g，肉豆蔻 15g，白芷 90g，丁香 5g，陈皮 30g，蜂蜜或麦芽糖适量。

2. 工艺流程

原料选择→宰杀开剖→撑鸡造型→油炸→煮制→出锅。

3. 操作要点

(1) 原料选择　选择重量 1~1.25kg 的当年健康土鸡。一般不用肉用仔鸡或老母鸡做原料，因为鸡龄太短或太长，其肉风味均欠佳。

(2) 宰杀开剖　采用切断三管法放净血，刀口要小，放入 65℃ 左右的热水中浸烫 2~3min，取出后迅速将毛煺净，切去鸡爪，从后腹部横开 7~8cm 的切口，掏出内脏，割去肛门，洗净体腔和口腔。

(3) 撑鸡造型　用尖刀从开膛切口伸入体腔，切断肋骨，切勿用力过大，以免破坏鸡皮，用竹竿撑起腹腔，将两翅交叉插入口腔，使鸡体成为两头尖的半圆形。造型后，清洗鸡体，晾干。

(4) 油炸　在鸡体表面均匀涂上蜂蜜水或麦芽糖水（水和糖的比例是 2:1），稍沥干后放入 160℃ 左右的植物油中炸制 3~5min，待鸡体呈金黄透红后捞出，沥干油。

(5) 煮制　把炸好的鸡平整放入锅内，加入老汤。用纱布包好香料放入鸡的中层，加水浸没鸡体，先用大火烧开，加入硝酸钠及其他辅料。然后改用小火焖煮 2~3h 即可出锅。

(6) 出锅　待汤锅稍冷后，利用专用工具小心捞出鸡只，保持鸡身不破不散，即为成品。

4. 质量要求

成品色泽鲜艳，黄里带红，造型美观，鸡体完整，味香独特，肉质酥润，有浓郁的鸡香味。

5. 产品特点

一是选料严格。使用滑县地区特定的气候、土壤、水质、饲养条件而形成的特殊鸡种，而且严格选用健康活鸡，绝对不用病、死、残鸡,以确保烧鸡的风味和质量。二是加工精细、配料合理。从宰杀到成品,要经过十多道工序,严格按照传统工艺进行操作;用八味名贵作料辅之以循环使用的陈年老汤,恰到好处地掌握火候,以文、武火相结合精心煮制而成。三是风味独特。正品的烧鸡肉丝粉白,有韧劲、咸淡适中、五香浓郁、可口不腻。其熟烂程度尤为惊人,用手一抖,骨肉自行分离,无论凉热食之,均余香满口。四是色泽鲜艳,造型美观。烧鸡呈浅红色,微带嫩黄、鸡体形如元宝、晶莹光鲜、诱人食欲,实为款待宾客、馈赠亲友或家人聚会品尝的佳品,被誉为"中州名馐"。

(二) 苏州酱汁肉加工

1. 产品配方

100kg 猪肉,绍兴酒 4~5kg,白糖 5kg,盐 3~3.5kg,红曲米 1.2kg,八角 0.2kg,桂皮 0.2kg,葱(捆成束)2kg,生姜 0.2kg。

2. 工艺流程

原料选择与整理→煮制→酱制→冷却包装。

3. 操作要点

(1) 原料选择与整理 选用太湖猪为原料,每头猪的重量以出净肉 35~40kg 为宜,取其整块肋条(中段)为酱汁肉的原料,然后开条(俗称抽条子),肉条宽 4cm,长度不限。条子开好后,斩成 4cm 见方的方块,尽量做到每千克肉约 20 块,排骨部分每千克 14 块左右。肉块切好后,把五花肉、排骨分开,装入竹筐中。肥瘦分开放。

(2) 煮制 锅内放满水,用旺火烧沸。先将肥肉的一小半倒入沸水内余 1h 左右,六七成熟时捞出;另外一大半倒入锅中余 0.5h 左右捞出。将五花肉一半倒入沸水内余 20min 左右捞出;另外一半余 10min 左右捞出。把余原料的白汤加盐 3kg(略有咸味即可),待汤快烧沸时,撇去浮沫,舀入另锅,留下 10kg 左右在原来锅内。

（3）酱制 制备红曲米水：红曲米磨成粉，盛入纱布袋内，放入钵内，倒入沸水，加盖，待沸水冷却不烫手时，用手轻搓轻捏，使色素加速溶解，直至袋内红米粉成渣，水发稠为止，即成红米水待用。

取竹筐3只，叠在一起，把葱、姜、桂皮和装在布袋里的茴香放于竹筐内，（桂皮、茴香可用2次）再将猪头肉3块（猪脸2块，下巴肉1块）放入竹筐内，置竹筐于锅的中间，然后以竹筐为中心，在其四周摆满竹筐（一般锅子约6只），其目的是以竹筐为垫底，防止成品粘在锅底。将余10min左右的五花肉均匀地倒入锅内，然后倒入余20min左右的五花肉，再倒入余0.5h左右的肥肉，最后倒入余1h左右的肥肉，不必摊平，自成为宝塔形。加盖用旺火烧开后，加酒4~5kg，加盖再烧开后，将红米汁用小勺均匀地浇在原料上面，务必使所有原料都浇着红米汁为止，再加盖蒸煮，肉色深樱桃红色为止。加盖烧一个0.5h左右以后就须注意掌握火候。烧到汤已收干发稠，肉已开始酥烂时可准备出锅，出锅前将白糖（用糖量的五分之一）均匀地撒在肉上，再加盖待糖溶化后，就出锅为成品。出锅时用尖筷夹起来，一块块平摊在盘上晾凉，待冷却即可包装。

酱汁肉的质量关键在于酱汁上。上品的酱汁色泽鲜艳，品味甜中带咸，以甜为主，具有黏稠、细腻、无颗粒等特点。制法：将余下的白糖加入成品出锅后的肉汤锅中，用小火煎熬，并用铲刀不断地在锅内翻动，以防止发焦起锅巴，待调拌至酱汁呈胶状，能粘在勺子表面为止，用笊篱过滤，舀出待用，出售时在酱汁肉上浇上酱汁，如果天气凉，酱汁冻结，须加热熔化后再用。

4. 质量要求

成品为成形的小方块，樱桃红色，皮糯肉烂，入口即化，甜中带咸，肥而不腻。产品鲜美醇香，肥而不腻，入口化渣，肥瘦肉红白分明，皮呈金黄色，适于常年生产。

（三）酱牛肉加工

1. 产品配方

50kg 牛肉，食盐 1.5kg，面酱 5kg，花椒 50g，小茴香 50g，肉桂 50g，砂仁 10g，丁香 10g，大蒜 0.5kg，葱 0.5kg，鲜姜 0.5kg。

2. 工艺流程

原料选择与整理→配料→预煮→调酱→酱制→出锅。

3. 操作要点

（1）原料选择与整理 酱牛肉应该选用不肥不瘦的新鲜的优质牛肉，肉质不宜过嫩，否则煮后容易松散，不能保持形状。将原料肉冷水浸泡，清除淤血，洗干净后进行剔骨，按部位分切成 1kg 左右的肉块。然后把肉块倒入清水中洗涤干净，同时要把肉块上面包裹的薄膜去除干净。

（2）预煮 将选好的原料肉按不同的部位、嫩度放入锅内大火煮 1h，目的是去除腥膻味，可在水中加入几块胡萝卜。煮好后把肉捞出，再放在清水中洗涤干净，洗至无血水为止。

（3）调酱 用一定量的水和黄酱拌匀，把酱渣捞出，煮沸 1h，并将浮在汤面酱沫撇净，盛入容器内备用。

（4）酱制 将预煮好的原料肉按不同部位分别放在锅内。通常将结缔组织较多、肉质坚韧的部位放在底部，结缔组织较少、肉质较嫩的放在上层，然后倒入调好的汤液进行酱制。要求水与肉块平齐，待煮沸之后再加入各种调味料。锅底和四周应预先垫以竹竿，使肉块不贴锅壁，避免烧焦。用旺火煮制 4h 左右后，每隔 1h 左右倒锅一次，再加入适量老汤和食盐。务必使每块肉均匀浸入汤中，再用小火煮制约 1h，等到浮油上升，汤汁减少时，将火力减小，最后封火煨焖。煨焖的火候掌握在汤汁沸动，但不能冲开上浮油层为宜。全部煮制时间为 8~9h。煮好后取出淋上浮油，使肉色光亮滑润。

(5) 出锅 出锅时注意保持完整，用特制的铁铲将肉逐一托出，并将锅内余汤洒在肉上，即为成品。

4. 质量要求

酱牛肉外表呈深棕色，色泽纯正，闻之酱香扑鼻，食之醇香爽口，肥而不腻，瘦而不柴，不膻不腥，咸淡适宜，香浓味纯，入口留香，回味佳美。

三、腌腊肉制品

(一) 腊肉加工

腊肉指我国南方冬季（腊月）长期贮藏的腌肉制品。用猪肋条肉经剔骨、切割成条状后用食盐及其他调料腌制，经长期风干、发酵或经人工烘烤而成，使用时需加热处理。

1. 工艺流程

选料修整→配制调料→腌制→风干、烘烤或熏烤→包装→成品。

2. 操作要点

(1) 选料修整 最好采用皮薄肉嫩、肥膘在 1.5cm 以上的新鲜猪肋条肉为原料，也可选用冰冻肉或其他部位的肉。根据品种不同和腌制时间长短，猪肉切割大小也不同，广式腊肉切成长 38~50cm，每条重 180~200g 的薄肉条；四川腊肉则切成每块长 27~36cm，宽 33~50cm 的腊肉块。家庭制作的腊肉肉条，大都超过上述标准，而且多是带骨的，肉条切好后，用尖刀在肉条上端 3~4cm 处穿一小孔，便于腌制后穿绳吊挂。

(2) 配制调料 不同品种所用的配料不同，同一种品种在不同季节生产配料也有所不同。消费者可根据自行喜好的口味进行配料选择。

(3) 腌制 一般采用干腌法、湿腌法和混合腌制法。

①干腌。取肉条和混合均匀的配料在案上擦抹，或将肉条放在盛配料的盆内搓揉均可，要求均匀擦遍，对肉条皮面适当多擦，擦好后按皮面向下，肉面向上的顺序，一层层叠放在腌制缸内，最上一层肉面向下，皮面向上。剩余的配料可撒布在肉条的上层，腌制中期应翻缸一次，即把缸内的肉条从上到下，依次转到另一个缸内，翻缸后再继续进行腌制。

②湿腌。湿腌是去骨腊肉常用的方法，取切好的肉条逐条放入配制好的腌制液中，湿腌时应使肉条完全浸泡在腌制液中，腌制时间为15~18h，中间翻缸2次。

③混合腌制。即干腌后的肉条，再浸泡腌制液中进行湿腌，使腌制时间缩短，肉条腌制更加均匀。混合腌制时食盐用量不得超过6%，使用陈的腌制液时，应先清除杂质，并在80℃温度下煮30min，过滤后冷却备用。

腌制时间视腌制方法、肉条大小、室温等因素而有所不同，腌制时间最短腌3~4h即可，腌制周期长的也可达7d左右，以腌好腌透为标准。腌制腊肉无论采用哪种方法，都应充分搓擦，仔细翻缸，腌制室温度保持在0~10℃。

有的腊肉品种，像带骨腊肉，腌制完成后还要洗肉坯。目的是使肉皮内外盐度尽量均匀，防止在制品表面产生白斑（盐霜）和一些有碍美观的色泽。洗肉坯时用铁钩把肉皮吊起，或穿上线绳后，在装有清洁的冷水中摆荡漂洗。

肉坯经过洗涤后，表层附有水滴，在烘烤、熏烤前需把水晾干，可将漂洗干净的肉坯连钩或绳挂在晾肉间的晾架上，没有专设晾肉间的可挂在空气流通而清洁的地方晾干。晾干的时间应视温度和空气流通情况适当掌握，温度高、空气流通，晾干时间可短一些，反之则长一些。有的地方制作的腊肉不进行漂洗，它的晾干时间根据用盐量来决定，一般为带骨腊肉不超过0.5d，去骨腊肉在1d以上。

（4）风干、烘烤或熏烤

①在冬季家庭自制的腊肉常放在通风阴凉处自然风干。

②工业化生产腊肉常年均可进行，就需进行烘烤，使肉坯水分快速脱去而又不能使腊肉变质发酸。腊肉因肥膘肉较多，烘烤时温度一般控制在 45～55℃，烘烤时间因肉条大小而异，一般24～72h 不等。烘烤过程中温度不能过高以免烤焦、肥膘变黄；也不能太低，以免水分蒸发不足，使腊肉发酸。烤房内的温度要求恒定，不能忽高忽低，影响产品质量。经过一定时间烘烤，表面干燥并有出油现象，即可出烤房。烘烤后的肉条，送入干燥通风的晾挂室中晾挂冷却，等肉温降到室温即可。如果遇雨天应关闭门窗，以免受潮。

③熏烤是腊肉加工的最后一道工序，有的品种不经过熏烤也可食用。烘烤的同时可以进行熏烤，也可以先完成烘烤工序后再进行熏制，采用哪一种方式可根据生产厂家的实际情况而定。

（5）包装 传统上腊肉一般用防潮纸包装，现多采用真空包装，250g、500g 不同规格包装较多，腊肉烘烤或熏烤后待肉温降至室温即可包装。真空包装腊肉保质期可达 6 个月以上。

（6）成品 烘烤后的肉坯悬挂在空气流通处，散尽热气后即为成品。成品率为 70%左右。

（二）板鸭加工

板鸭又称"贡鸭"，是咸鸭的一种。板鸭是我国传统禽肉腌腊制品，始创于明末清初，至今有三百多年的历史。板鸭有腊板鸭和春板鸭两种，腊板鸭是从小雪至立春时段加工的产品，这种板鸭腌制透彻，能保存 3 个月之久；春板鸭是从立春到清明时段加工的产品，这种板鸭保藏期没有腊板鸭时间长，一般只有 1 个月左右。全国有四大品牌板鸭，分别是江苏南京板鸭、福建建瓯板鸭、江西南安板鸭、四川建昌板鸭，其中以江苏南京板鸭最为盛名。南京板鸭的特点是外观体肥、皮白、肉红、骨绿，食用时具有香、酥、板（板的意义是指鸭肉细嫩紧密，南京俗称发板）、嫩的特色，余味回甜。下面介绍南京板鸭的加工工艺。

1. 工艺流程

原料选择→宰杀→浸烫煺毛→开膛取内脏→清洗→腌制→成品。

2. 操作要点

（1）原料选择 选择健康、无损伤的肉用型活鸭，以两翅下有"核桃肉"，尾部四方肥为佳，活重在 1.5kg 以上。活鸭在宰杀前要用稻谷（或糠）饲养一个时期（15~20d）催肥，使膘肥、肉嫩、皮肤洁白，这种鸭脂肪熔点高，在温度高的情况下也不容易滴油，无异味；若以糠麸、玉米为饲料则体皮肤淡黄，肉质虽嫩但较松软，制成板鸭后易收缩和滴油变味，影响气味。所以，以稻谷（或糠）催肥的鸭品质最好。

（2）宰杀 宰前断食：将育肥好的活鸭赶入待宰场，并进行检验将病鸭挑出。待宰场要保持安静状态，宰前 12~24h 停止喂食，充分饮水。

宰杀放血：有口腔宰杀和颈部宰杀两种，以口腔宰杀为佳，可保持商品完整美观，减少污染。由于板鸭为全净膛，为了易拉出内脏，目前多采用颈部宰杀，宰杀时要注意以切断三管为度，刀口过深易掉头和出次品。

（3）浸烫煺毛 鸭宰杀后 5min 内煺毛，烫毛水温以 63~65℃为宜，一般 2~3min。

煺毛顺序：先拔翅羽毛，次拔背羽毛，再拔腹胸毛、尾毛、颈毛，此称为"抓大毛"，拔完后随即拉出鸭舌，再投入冷水中浸洗，并拔净小毛、绒毛，称为"净小毛"。

（4）开膛取内脏 鸭毛煺光后立即去翅、去脚、去内脏。在翅和腿的中间关节处两翅和两腿切除。然后再在右翅下开一长约4cm的直口子，取出全部内脏并进行检验，合格后方能加工板鸭。

(5) 清洗 用清水洗净体腔内残留的破碎内脏和血液，从肛门内把肠子断头、输精管或输卵管拉出剔除。清膛后将鸭体浸入冷水中 2h 左右，浸出体内淤血，使皮色洁白。

(6) 腌制 腌制前的准备工作：食盐必须炒熟、磨细，炒盐时加入适量茴香。

干腌：滤干水分，将鸭体锁骨压扁，使鸭体呈扁长方形。擦盐要遍及体内外。一般用盐量为鸭重的 1/15。擦盐后叠放在缸中进行腌制。

制备盐卤：盐卤由食盐水和调料配制而成。因使用次数多少和时间长短的不同而有新卤和老卤之分。

新卤的配制：采用浸泡鸭体的卤水，加盐配制，每 100kg 卤水加食盐 75kg，放大锅内煮成饱和溶液，撇去血污与泥污，用纱布滤去杂质，再加辅料，每 200kg 卤水放入大片生姜 100~150g，八角 50g，葱 150g，使卤具有香味，冷却后成新卤。

老卤：新卤经过腌鸭后多次使用和长期贮藏即成老卤，盐卤越陈旧腌制出的板鸭风味更佳，这是因为腌鸭后一部分营养物质渗进卤水，每烧煮一次，卤水中营养成分浓厚一些，越是老卤，其中营养成分越浓厚，而鸭在卤中互相渗透、吸收，使鸭味道更佳。盐卤腌制 4~5 次后需要重新煮沸，煮沸时可适当补充食盐，使卤水保持咸度。

抠卤：擦盐后的鸭体逐只叠入缸中，经过 12h 后，把体腔内盐水排出，这一工序称为"抠卤"。抠卤后再叠入大缸内，8h 后，进行第二次抠卤，目的是腌透并浸出血水，使皮肤肌肉洁白美观。

复卤：抠卤后进行湿腌，从开口处灌入老卤，再浸没老卤缸内，使鸭肉全部腌入老卤中即为复卤，经 24h 出缸，从泄殖腔处排出卤水，挂起滴净卤水。

叠坯：鸭出缸后，倒尽卤水，放在案板上用手掌压成扁形，再叠入缸内 2~4d，这一工序称为"叠坯"，存放时必须头向缸中心，再把四肢排开叠入，以免刀口渗出血水污染鸭体。

排坯晾挂：排坯的目的是使鸭体肥大好看，同时也使鸭子内部通气。将鸭取出，用清水净体，挂在木档钉上，用手将颈拉开，胸部拍平，挑起腹肌，以达到外形美观，置于通风处风干，至鸭子皮干水净后，再收后复排，在胸部加盖印章，转到仓库晾挂通风保存，2 周后即成板鸭。

(7) 成品 成品板鸭体表光洁，黄白色或乳白色，肌肉切面平而紧密，呈玫瑰色，周身干燥，皮面光滑无皱纹，胸部凸起，颈椎露出，颈部发硬，具有板鸭固有的气味。

四、香肠制品

(一) 广式腊肠

1. 产品配方

原料肉 100kg，食盐 2.8~3.0kg，白糖 9~10kg，硝酸钠（加水溶解）0.05kg，浅色酱油 2~3kg，白酒 3~4kg。

2. 工艺流程

原料选择→切肉→搅拌→灌制→清洗→晾晒、烘烤。

3. 操作要点

(1) 原料选择 选择经卫生检疫合格的猪肉，瘦肉最好选用前后腿肉，去除筋膜、软骨、血斑和杂质。肥肉选用背部硬脂肪。肉馅中加入一定比例的肥肉丁，可以增强腊肠的滋味、香气，改善制品的口感，赋予产品红白分明的外观，但肥肉用量不可过多，以不超过原料肥瘦肉总量的 30% 为宜。

(2) 切肉 瘦肉经绞肉机绞成 8~12mm 见方的颗粒，肥肉切成 8~10mm 见方的方丁，可采用切丁机切丁或手工切丁，为了便于切丁，应将肥肉预先冷却或将肉温控制在 -4~-2℃。因瘦肉含水分比肥肉多，在干燥过程中脱水收缩程度比肥肉大，所以一般肥肉丁的颗粒度小于瘦肉，否则产品中肥肉颗粒大，影响口感和销售。

用绞肉机绞制瘦肉时，选用的孔板孔径不能过小，否则瘦肉被绞成肉泥，灌制后易阻塞肠衣的刺孔，影响肉中水分的散发，使烘烤时间延长，产品易腐败变质；肉粒也不可过大，否则会影响成品的切片性。

切肥膘丁多采用切丁机，工效快，省时省力，切忌使用绞肉机绞切肥膘。肥膘丁以 8~10mm 见方为宜。肥膘丁须漂洗去油，否则灌制后油分集结在肉馅表面肠衣内壁，干燥时阻碍肉馅水分的散发，容易造成产品酸败变质。漂洗时应选用 35℃ 左右的温水，水温过高易使肥膘丁烫熟，过低则达不到除油的目的。漂洗后用冷水冲洗，然后沥干水分。

(3) 搅拌　搅拌在搅拌机中进行，可使原辅料混合均匀。在搅拌过程中添料的顺序是先将瘦肉放入搅拌机中，加辅料搅拌，然后加肥膘丁搅拌均匀。搅拌的时间不宜太长，避免将肉馅拌成糊状。拌料要以既要将原辅料混合均匀，又要尽量缩短搅拌时间，保持瘦肉和肥肉清晰分明为原则。

(4) 灌制　灌制需要充填机和肠衣。肠衣选用口径为 28~30mm 的天然肠衣或胶原肠衣。在灌制时，肉馅充填入肠衣中，完成灌制。灌制肠体的松紧度要把握好，一般以灌制稍微紧实些、灌制肠衣容量达八九成为宜，若太松，肠内易留下气泡，使成品肠体粗细不匀；太紧，则不利于打结，也容易造成肠衣破裂。

灌制后，用针刺香肠既可排气，又可在烘烤时排湿。刺孔以每 1~1.5cm 刺一针孔为宜。若采用真空搅拌机和真空灌肠机，肠体内残留的空气很少，可免去刺针排气。

刺孔以后，按规格长度用水草或细麻绳打结，一般每节长度

12~15cm。生产枣肠时，每隔2~2.5cm用细棉绳捆扎分节，挤出多余的肉馅，使成枣形。传统的广东香肠是双条的，肠体在刺针排气后，分段扎成双条，在肠体两端用水草扎结，正中系上麻绳，成为一束双绳，便于吊挂。麻绳可染色以区分品种。

（5）清洗 经过灌制、针刺排气、拴绳后，肠体表面会附着少许肉馅，在晾晒、烘烤前，要放在35℃左右的温水中清洗一下，清洗掉表面附着的肉馅，且有利于肠衣收缩和排气，使成品肠体表面美观。

（6）晾晒、烘烤 将清洗后的香肠挂在竹竿上，放在阳光充足的地方晾晒2~3d，再在通风良好的地方晾挂风干1~2周，使肠体表面收缩并发色。遇到雨天或烈日，不宜露天晾晒，可直接进入烘房内烘干。

烘烤是香肠生产过程中十分重要的环节，对成品的质量影响很大。烘房温度一般控制在50~55℃，最高不超过60℃。最重要的是初始阶段温度的控制，如果温度过高，干燥速度过快，肠衣表面易形成硬壳，从而阻止内部的水分向外散发。另外，温度过高，还会使香肠出油，从而影响产品品质；温度过低，则香肠难以干燥，微生物易繁殖，甚至会产生酸味，并且干燥时间也会相应延长。

干燥时间受炉内温度、通风排湿及香肠直径等因素的影响，一般为24~48h，烘烤至肠表面干燥，色泽光亮，红白分明。软硬适中，有弹性，成品率在60%~70%为宜。

（7）冷却 烘烤后的香肠，应放在通风处冷却降温。

（8）包装 一般采用真空包装。能在室温下放置，保质期为半年。

4.产品特点

甜咸适中，鲜美适口，腊香明显，醇香浓郁，食而不腻，具有广式香肠的特有风味。

（二）西式香肠加工工艺

1. 工艺流程

原料→解冻→绞制（→腌制）→斩拌→灌肠→烘烤→蒸煮→烟熏→冷却→包装（→二次杀菌→包装）→入库。

2. 操作要点

（1）原料 要采用来自非疫区经兽医宰前宰后检验合格的冻藏猪肉，也有添加牛肉、鸡肉的产品。

（2）解冻、绞制、腌制 要求同广式腊肠。

（3）斩拌 斩拌的目的，一是乳化，二是混合。目前很多厂家使用真空斩拌机，它的优点是避免空气打入肉糜中，防止脂肪氧化，保证产品风味；可减少产品中的细菌数，延长产品贮藏期；稳定肌红蛋白颜色，保护产品的最佳色泽。

在操作时，将瘦肉在低速下放入，然后添加腌制剂，启动中速斩拌，添加配方设定1/3的冰水后高速斩1~3min，在换为中速后加入所有的除淀粉外的所有辅料、脂肪，再加1/3的冰水，重新启动高速斩拌3min，再中速把淀粉和剩余水倒入斩拌机再高速斩1~3min，最后加入色素（和香精），斩至成品料黏稠有光泽即可出料。出料温度不能超过12℃，所以，要添加冰水并控制好斩拌时间和速度的关系。

（4）灌肠 不论采用天然肠衣或人工肠衣，都要预先浸泡或者漂洗。灌肠方法同广式香肠。

（5）烘烤 天然肠衣、胶原蛋白肠衣等具有一定的透气性和透水性，都要在全自动烟熏炉中进行烘烤，然后进行蒸煮、烟熏，或者在土炉中先进行烘烤、烟熏。

肠衣干燥后，增加了强度，以免破裂，同时在灌肠的外围形成了很薄的一层蛋白圈，更增强了肠衣强度，也保护内部水分不容易蒸发。通常60~70℃，30min左右。

（6）蒸煮 蒸煮能够达到杀菌、熟制和发香的目的，同时蛋白质形成网络结构，能够保水保油，也使产品组织结构紧密。蒸煮一般82℃，最高85℃；国外以中心温度达到68℃为准，国内以达到72℃为准，并保持一定时间。根据肠衣的粗细，40~60min。

（7）烟熏 烟熏能够达到赋予香味、增加色泽和延长保质期的作用。一般60~70℃，30min左右。

（8）冷却 对于烟熏产品，一种冷却方法是在0~4℃冷库冷却至中心温度10℃以下，但往往使外表有水珠冷凝，产生花斑；另一种是车间自然冷却，但容易造成微生物的生长繁殖。

（9）包装 目前多采用真空包装技术。

（10）二次杀菌 85~90℃的热水池中，10~15min即可。

（11）贮存 0~4℃可贮存3个月。

五、熏烧烤肉制品

（一）熏鸡加工

1. 工艺流程

原料选料→宰杀、整形→煮制→熏制→成品。

2. 产品配方

嫩公鸡10只（约7.5kg），食盐250g，香油25g，白糖50g，味精5g，陈皮3.8g，桂皮3.8g，胡椒粉1.3g，五香粉1.3g，砂仁1.3g，肉豆蔻1.3g，山奈1.3g，丁香3.8g，白芷3.8g，肉桂3.8g，草果3.8g。

3. 操作要点

（1）原料选择 选用健康活公鸡为原料。

（2）宰杀、整形 公鸡宰杀煺毛后，腹下开膛，取出内脏，用清水浸泡1~2h，待鸡体发白后取出，在鸡下胸脯尖处割一小圆洞，将两腿交叉插入洞内，头夹在翅膀下，使之成为两头尖的造型。

(3) 煮制 先将老汤（原来制作的汤汁）煮沸，取适量老汤浸泡其余配料约1h，然后将鸡入锅，加水以淹没鸡体为度。煮时先用大火煮沸后改用小火慢煮，以防止大火导致皮开裂。煮到半熟时再加入盐，嫩鸡煮1.5h，老鸡约2h即可出锅。出锅时应用特制搭钩轻取轻放，保持体形完整。

(4) 熏制 出锅后趁热在鸡体上刷一层香油，放在铁丝网上，下面架有铁锅，铁锅内装有白糖与锯末，白糖与锯末比例为3∶1，然后点火干烧锅底，使其发烟，盖上盖熏制15min左右，鸡皮呈红黄色即可出锅。熏好的鸡出锅后再抹上一层香油，以增加香气和保藏性。

4. **质量要求**

(1) 原料选择 原料选择时，公鸡优于母鸡，因母鸡脂肪多，成品油腻影响质量。

(2) 宰杀、整形 宰杀时，切颈放血要切断气管、食管和血管。浸烫时，水温保持在65℃，浸烫时间为35s左右，以拔掉背毛为度。浸烫时要不时翻动，使其热均匀，特别是头、脚要烫充分。水温不要过高过低。水温过高，浸烫时间长，可引起体表脂肪溶解，肌肉蛋白变性凝固，皮肤容易撕裂；水温低浸烫时间短则拔不掉毛。拔毛要求干净，防止破皮。现在多用拔毛机进行机械拔毛，可提高功效，减轻劳动强度。

(3) 煮制 煮制过程中要勤翻动，出锅时，要保持微沸状态，切忌停火捞鸡，这样出锅后鸡躯体干爽质量好。

(4) 熏制 成品色泽枣红发亮，肉质细嫩，熏香浓郁，味美爽口，具有熏鸡独特的风味。

（二）北京烤鸭加工

北京烤鸭是典型的烤制品，为我国著名特产。北京的"全聚德"烤鸭，以其优异的质量和独特的风味在国内外享有盛誉。

1. 工艺流程

原料选择→宰杀、造型→洗膛→烫皮→上糖色→灌汤打色→烤制→成品。

2. 操作要点

(1) 原料选择 选用经过填肥的北京填鸭,以 50~60 日龄、活重 2.5~3kg 最为适宜。

(2) 宰杀、造型 填鸭经宰杀、烫毛、煺毛后先剥离颈部食道周围的结缔组织,从小腿关节处切去双掌,并割断喉管和气管,拉出鸭舌。然后从颈部开口处拉出食道,并用左手拇指顺着食管外面向胸脯推入,使食管与周围薄膜分开,再将食管塞进喉管内,用打气工具对准喉刀口处,徐徐打气,使气体充满鸭的全身,把鸭皮绷紧,鸭体膨大。从鸭翅膀根开一刀口,取出内脏洗净。再取 7cm 长的高粱秆,两端分别削成三角形和叉形,伸入鸭腹腔内,顶在三叉骨上,使鸭胸脯隆起。这样在烤制时形体不扁缩。

(3) 洗膛 将鸭坯浸入 4~8℃ 清水中,使水从刀口灌入腹腔,用手指插入肛门掏净残余的鸭肠,并使水从肛门流出。反复灌洗几次,即可净膛。

(4) 烫皮 用鸭钩钩住鸭的胸脯上端 4~5cm 处的颈椎骨(右侧下钩,左侧穿出),提起鸭坯,用 100℃ 沸水浇淋,先浇刀口和四周皮肤,使之紧缩,严防从刀口跑气,然后再浇其他部位,一般三勺水即可使鸭体烫好。

(5) 上糖色 用制好的糖液,浇遍鸭体表皮,三勺即可。

(6) 灌汤打色 鸭坯烫皮上糖色后,先挂阴凉通风处干燥,然后向体腔内灌入 70~100mL 的开水,这样一来,鸭坯进炉后水分便激烈汽化。外烤内蒸,达到制品成熟后外脆里嫩的特点。为防止前面浇淋糖色又不均匀的现象,鸭坯灌汤后,再浇淋一遍糖色,叫打色。

(7) 烤制 鸭坯进炉后，先挂炉膛前梁上，刀口一侧向火，让炉温首先进入体腔，促进体内的水汽化，使之快熟。待到刀口一侧鸭坯烤至橘黄色时，再把另一侧向火，烤到同刀口一侧同色为止。然后用烤鸭杆挑起旋转鸭体，烘烤胸脯、下肢等部位。这样左右翻转，反复烘烤，将整个鸭体都烤成橘红色，便可送到烤炉的后梁，背向红火，继续烘烤，直至鸭全身呈枣红色出炉。鸭子烤好出炉后，可趁热刷上一层香油，以增加皮面光亮程度，并可去除烟灰，增添香味。鸭坯在炉内烤制时间一般为 30~40min，炉温在 230~250℃，为宜。

(8) 成品 成品北京烤鸭色泽红润，鸭体丰满，表皮和皮下组织、脂肪组织混为一体，皮层变厚，皮质松脆，肉嫩鲜酥，肥而不腻，香气四溢。

3. 质量要求

(1) 原料选择 鸭体充气要丰满，皮面不能破裂，打好气后不要用手碰触鸭体，只能拿住鸭翅、腿骨和颈。

(2) 烫皮、上糖色 烫皮、上糖色时要用旺火，水要烧得滚开，先淋两肩，后淋两侧，均匀烫遍全身，使皮层蛋白质凝固，烤制后表皮酥脆，并使毛孔紧缩，皮肤绷紧，减少烤制时脂肪流出，烤后皮面光亮、美观。

(3) 灌汤 灌汤前因鸭坯经晾制后表皮已绷紧，所以肛门堵塞的动作要准确、迅速，以免挤破鸭坯表皮。灌汤的鸭体在烤制时可达到外烤内蒸，制品成熟后外脆里嫩。

(4) 温度 在烤制进行中，火力是关键，要控制好炉温和烤制时间。炉温过高，时间过长，会造成鸭坯烤成焦黑，皮下脂肪大量流失，失去了烤鸭脆嫩的特点。时间过短，炉温过低，会造成鸭皮收缩，胸脯下陷和烤不透，影响烤鸭的质量和外形。

(5) 汤色 对于鸭子是否已经烤熟，除了掌握火力、时间、鸭身的颜色外，还可以倒出鸭腔内的汤来观察。当倒出的汤呈粉红色时，说明鸭子七八成熟；当倒出的汤呈浅白色，清澈透明，并带有一定的油液和凝固的黑色血块时，说明鸭子九十成熟；如果倒出的汤呈乳白色，油多汤少时，说明鸭子烤过火了。

（6）食用　烤鸭最好现制现食，久藏会变味失色，如要贮存，冷库内的温度宜控制在 3～5℃。食用时，需将烤鸭肉削成薄片。削片时，手要灵活，刀要斜坡，大小均匀，皮肉不分，片片带皮。

（三）烤鸡加工

1. 工艺流程

选料→屠宰与整形→腌制→上色→烤制→成品。

2. 产品配方

肉鸡 100 只（重 150～180kg），食盐 9kg，八角 20g，小茴香 20g，草果 30g，砂仁 15g，豆蔻 15g，丁香 3g，肉桂 90g，良姜 90g，陈皮 30g，白芷 30g，麦芽糖适量。

3. 操作要点

（1）原料选择　选用 8 周龄以内、体态丰满、肌肉发达、活重 1.5～1.8kg、健康的肉鸡为原料。

（2）屠宰与整形　采用颈部放血，60～65℃热水烫毛，煺毛后冲洗干净，腹下开膛取出内脏，斩去鸡爪，两翅按自然屈曲向背部反别。

（3）腌制　采用湿腌法。湿腌料配制方法：将香料用纱布包好放入锅中，加入清水 90kg，并放入食盐，煮沸 20～30min，冷却至室温即可。湿腌料可多次利用，但使用前要添加部分辅料。将鸡逐只放入湿腌料中，上面用重物压住，使鸡淹没在液面下，时间为 3～12h，气温低时间长些，反之则短，腌好后捞出沥干水分。

（4）上色　用铁钩把鸡体挂起，逐只浸没在烧沸的麦芽糖水中，水与糖的比例为（6～8）∶1，浸烫 30s 左右，取出挂起晾干水分。还可在鸡体腔内装填姜 2~3 片，水发香菇 2 个，然后入炉烤制。

（5）烤制　现多用远红外线烤箱烤制，炉温恒定至 160~180℃，烤 45min 左右。最后升温至 220℃烤 5~10min。当鸡体表面呈枣红色时出炉即为成品。

4. 质量要求

成品外观颜色均匀一致呈枣红色或黄红色，有光泽，鸡体完整，肌肉切面紧密，压之无血水，肉质鲜嫩，香味浓郁。

六、肉干制品

（一）肉干加工

1. 工艺流程

原料肉选择、修整→切块→腌制（或不腌制）→煮制→切条（切丁）→复煮入味→晾晒、烘烤→冷却、包装→成品。

2. 产品配方

猪肉 100kg，食盐 3kg，白糖 4kg，葡萄糖 4kg，味精 0.3kg，白酒 3kg，麦芽糊精 3kg，红曲红色素 0.015kg，磷酸盐 0.25kg，亚硝酸钠 0.01kg，大茴香 0.3kg，胡椒 0.15kg，辣椒 1kg，花椒 0.4kg，姜粉 0.2kg，肉桂 0.15kg，猪肉香精 0.2kg，食用丙二醇 3kg，冰水适量。

3. 操作要点

（1）原料选择　挑选猪前、后腿肉，剔除碎骨、软骨、肥膘、淤血等，清洗干净。将猪肉切块，块重 300~500g。

（2）腌制　在切好的猪肉块中加入食盐、磷酸盐、亚硝酸钠和冰水，按一定的比例拌和均匀，一起置于低温下（0~4℃）腌制 24h。

（3）煮制　切丁 1cm 左右。将切好的肉丁加入老汤、盐、糖、麦芽糊精、色素进行翻动煮制，待卤汁至一半时加入香辛料、白酒，控制煮制温度 85~90℃，最后加入味精等，搅拌均匀，至汤汁被肉块吸收完为止，1.5~2h，煮制中心温度 60~65℃后冷却。

(4) 烤制　将煮制好的肉丁出锅，均匀摊开，置于烘房烘烤（70℃，3~4h），期间翻动几次，使烘烤均匀；摊晾回潮 24h，使肉丁的水分向外渗透；再继续烘烤（100℃，2~3h），烤到产品内外干燥，水分含量小于 20%即可。烤好后的肉干放置到常温，即可包装为成品。

由于添加了葡萄糖、麦芽糊精、磷酸盐、食用丙二醇等保水成分，使得肉干不仅质地较软，口感大大改善，而且出品率得到提高。

（二）肉脯加工工艺

1. 工艺流程

原料肉处理→斩拌配料→腌制→抹片→表面处理→烘烤→压平→烧烤→成型→包装。

2. 产品配方

以鸡肉脯为例：鸡肉 100kg，亚硝酸钠 0.05kg，浅色酱油 5kg，味精 0.2kg，糖 10kg，姜粉 0.30kg，白胡椒粉 0.3kg，食盐 2kg，白酒 1kg，维生素 C 0.05kg，混合磷酸盐 0.3kg。

3. 操作要点

(1) 原料选择　选择新鲜的畜禽肉，先剔去碎骨、油、筋膜肌腱、淋巴、血管等，清洗干净，然后切成 3~5cm 的小块备用。

(2) 腌制　将切好的小肉块和腌制液一同放入真空滚揉机中，抽真空后，开动滚揉机 30min，在 0~4℃温度下腌制入味 36~48h，直至发色完全。

(3) 斩拌配料　腌制后的肉块放入斩拌机中斩拌成肉糜状，在斩拌过程中，按照配方中的调味料比例加入各种配料。

（4）抹片 斩拌后的肉糜需先静置 20min 左右，成型需用成型模具。

（5）烘烤 将定型的半成品整齐地铺在烘筛上送入烘烤炉内，55℃低温烧烤 120~150min，再经过 200℃高温烤 2min，此时肉脯的水分含量为 20%~21%。

（三）肉松加工工艺

1. 工艺流程

原料肉选择→预处理→煮制→炒压或搓松→炒制→冷却→包装→产品。

2. 产品配方

以太仓肉松为例：猪瘦肉 50kg，食盐 1.5kg，黄酒 1kg，酱油 17.5kg，白糖 1kg，味精 100~200g，鲜姜 500g，八角 250g。

3. 操作要点

（1）原料肉选择及预处理 肉松加工选用健康家畜的新鲜精瘦肉为原料。将符合要求的原料肉，先剔除骨、皮、脂肪、筋腱、淋巴、血管等不宜加工的部分，然后顺着肌肉的纤维纹路方向切成 3cm 左右宽的肉条，清洗干净，沥水备用。先把肉放入锅内，加入与肉等量的水，煮沸，按配方加入香料，继续煮制，直到将肉煮烂。在煮制的过程中，不断翻动并去浮油。

（2）煮制 将瘦肉块放入清水（水浸过肉面）锅内预煮，不断翻动，使肉受热均匀，并撇去上浮的油沫。约煮 4h 左右时，稍加压力，肉纤维可自行分离，便加入全部辅料再继续煮制，直到汤煮干为止。

（3）炒压或搓松 搓松的主要目的是将肌纤维分散，它是一个机械作用过程，比较容易控制。

（4）炒制 在炒制阶段，主要目的是为了炒干水分并炒出颜色和香气。炒制时，要注意控制水分蒸发程度，颜色由灰棕色转变为金黄色，成为具有特殊香味的肉松为止。

（5）包装　肉松吸水性强，不宜散装。短期贮藏可选用复合膜包装，货架期 3 个月左右，长期贮藏多选用玻璃瓶或马口铁罐，货架期 6 个月左右。

第二节　乳类制品加工技术

一、超高温灭菌乳

灭菌乳又称长久保鲜乳，系指以鲜牛乳为原料，经净化、标准化、均质、灭菌和无菌包装或包装后再进行灭菌，从而具有较长保质期的可直接饮用的商品乳。

（一）超高温瞬时灭菌纯牛乳的工艺流程

原料乳→验收及预处理→超高温瞬时灭菌→无菌平衡贮槽→无菌灌装→灭菌乳。

超高温瞬时灭菌乳的温度变化：原料乳经巴氏杀菌后 4℃→预热至 75℃→均质 75℃→加热至 137℃→保温 137℃→盐水冷却至 6℃→（无菌贮罐 6℃）→无菌包装 6℃。

可以看出，在此灭菌过程中，牛乳不与加热或冷却介质直接接触，可以保证产品不受外界污染。另外，热回收操作可节省大量能量。

经过超高温瞬时灭菌及冷却后的灭菌乳，应立即进行无菌包装。而无菌灌装系统是生产超高温瞬时灭菌产品所不可缺少的。

（二）操作要点及质量控制

1. 原料乳验收及预处理

牛乳被挤出后，必须尽快冷却到 4℃以下，并在此温度下保存，直至运到乳品厂。对牛奶进行过滤除杂，及时收购，冷藏运输，减少微生物的数量。按要求，牛乳被运到乳品加工企业，其温度不允许高于 10℃。通常用板式冷却器冷却到 4℃以下，将牛乳进入大储奶罐。

(1) 原料乳的验收 用于加工灭菌乳的牛乳必须新鲜，有极低的酸度，正常的盐类平衡及正常的乳清蛋白质含量，不含初乳和抗生素乳。牛乳必须在75%的酒精浓度中保持稳定，具体见表4-1。

表4-1　超高温灭菌乳的原料乳的一般要求

项目	指标	项目	指标
脂肪含量/%	≥3.10	冰点/℃	≤-0.59~-0.54
蛋白质含量/%	≥2.95	抗生素含量/ (μg·mL⁻¹)	
相对密度/(20℃/4℃)	≥1.028	——青霉素	≤0.004
酸度 (以乳酸计) /%	≤0.144	——其他	不得检出
pH值	6.6~6.8	体细胞数/ (个·mL⁻¹)	≤500 000
杂质度/(mg·kg⁻¹)	≤4	微生物特性	
汞含量/(mg·kg⁻¹)	≤0.01	细菌总数/ (cfu·mL⁻¹)	≤100 000
农药含量/(mg·kg⁻¹)	≤0.1	芽孢总数/ (cfu·mL⁻¹)	≤100
蛋白稳定性	通过75% (体积分数) 的酒精试验	耐热芽孢数/ (cfu·mL⁻¹)	≤10
滴定酸度/°T	≤16	嗜冷菌数/ (cfu·mL⁻¹)	≤1 000

(2) 预处理

①牛乳的分离净化。原料乳经过数次过滤后，虽然除去了大部分的杂质，但是，由于乳中污染了很多极为微小的固体杂质和细菌细胞，难以用一般的过滤方法除去。为了达到最高的纯净度，一般采用离心净乳机净化。

②牛乳的脱气。牛乳中含有5.5%~7.7%非结合分散性气体，经贮存运输后其含量还会增加。这些气体对乳的加工有破坏作用。主要是影响乳汁量的准确性；导致杀菌机中结垢，影响乳的分离效率，不利于标准化；促使脂肪球聚合，影响奶油的产量；促使发酵乳中的乳清析出等。一般除在奶槽车上和收奶间进行脱气外，还应使用真空脱气罐除去细小分散气泡和溶解氧。方法为将牛乳预热至68℃，泵入真空罐，部分牛乳和空气蒸发，

空气及一些非冷凝异味气体由真空泵抽吸除去。

③标准化。标准化的目的是为了确定灭菌乳中的脂肪含量，以满足不同消费者的需求。一般低脂乳脂肪含量为1.5%，常规市乳脂肪含量为3%。乳脂肪的标准化可通过添加稀奶油或脱脂乳进行调整。其方法有以下3种。

第一种是预标准化，主要是指乳在杀菌之前把全脂乳分离成稀奶油和脱脂乳。如果标准化乳脂率高于原料乳，则需将稀奶油按计算比例与原料乳在罐中混合以达到要求的含脂率。如果低于原料乳的，则需将脱脂乳按计算比例与原料乳在罐中混合，以达到要求的含脂率。第二种是后标准化，在杀菌之后进行，方法同第一种，但该法的二次污染可能性大。第三种是直接标准化，这是一种快速、稳定、精确与分离机联合运作、单位时间内能大量处理乳的现代化方法。将牛乳加热到55~65℃后，按预先设定好的脂肪含量分离出脱脂乳和稀奶油，并根据最终产品的脂肪含量，由设备自动控制回流到脱脂乳中的稀奶油流量，从而达到标准化的目的。

④均质。牛乳中脂肪球的大小一般为1~10μm，放置一段时间后易出现聚结成块、脂肪上浮的现象。经均质后可使脂肪球直径变小（小于2μm），分布均匀，口感好，有良好的风味，不产生脂肪上浮现象。

均质效果与温度有关。均质前牛乳必须先行预热60℃左右，如用低温长时间杀菌，一般在杀菌前进行均质。如进行高温短时间杀菌或超高温瞬间杀菌，均质在预热工序后杀菌前进行。

常用的均质机为两段式，预热的牛乳经第一段压力调节阀时压力为176~204kg/cm²，而第二段压力保持在35kg/cm²。

2. 灭菌

灭菌工艺要求杀死原料乳中全部微生物，而且对产品的颜色、滋气味、组织状态及营养品质没有严重损害。原料乳在板式热交换器内被前阶段的高温灭菌乳预热至 65~85℃（同时高温灭菌乳被新进乳冷却），然后经过均质机，在 10~20MPa 的压力下进行均质。经巴氏杀菌后的乳升温至 83℃ 进入脱气罐，在一定真空度下脱气，以 75℃ 离开脱气罐后，进入加热段，在这里牛乳被加热至灭菌温度（通常为 137℃），在保温管中保持 4s，然后进入热回收管。牛乳被水冷却至灌装温度。

3. 无菌贮罐

灭菌乳在无菌条件下被连续地从管道内送往包装机。为了平衡灭菌机和包装机生产能力的差异，并保证在灭菌机或包装机中间停车时不致产生影响，可在灭菌机和包装机之间装一个无菌贮罐，因为灭菌机的生产能力有一定的伸缩性，可调节少量灭菌乳从包装机返回灭菌机。比如牛乳的灭菌温度低于设定值，则牛乳就返回平衡槽，重灭菌。无菌贮罐的容量一般为 $3.5~20m^3$。

4. 无菌灌装

超高温瞬时灭菌乳多采用无菌包装。经过超高温灭菌加工出的商业无菌产品，是以整体形式存在的。必须分装于单个的包装中才能进行储存、运输和销售，使产品具有商业价值。因此，无菌灌装系统是加工超高温灭菌乳不可缺少的。

所谓的无菌包装是将杀菌后的牛乳，在无菌条件下装入事先杀过菌的容器内，该过程包括包装材料或包装容器的灭菌。由于产品要求在非冷藏条件下具有长货架期，所以包装也必须提供完全防光和隔氧的保护。这样长期保存鲜奶的包装需要有一个薄铝夹层，其夹在聚乙烯塑料层之间。无菌包装的超高温瞬时灭菌乳在室温下可储藏 6 个月以上。

注意事项：包装容器和封合方法必须适合无菌灌装，并且封合后的容器在贮存和分销期间必须能阻挡微生物透过，同时包装容器应能阻止产品发生化学变化；容器和产品接触的表面在灌装前必须经过灭菌，灭菌效果与灭菌前容器表面的污染程度有关；灌装过程中，产品不能受到来自任何设备表面或周围环境等的污染；若采用盖子封合，封合前必须及时灭菌；封合必须在无菌区域内进行，以防止微生物污染。

（三）灭菌乳的质量要求

1. 感官要求

应符合表4-2灭菌乳的感官要求。

表4-2　灭菌乳的感官要求

项目	要求	检验方法
色泽	呈乳白色或微黄色	取适量试样置于50ml烧杯中，在自然光下观察色泽和组织状态。闻其气味，用温开水漱口，品尝滋味
滋味、气味	具有乳固有的香味，无异味	
组织状态	呈均匀一致液体，无凝块，无沉淀，无正常视力可见异物	

2. 理化指标

应符合表4-3灭菌乳的理化指标。

表4-3　灭菌乳的理化指标（全脂灭菌乳）

项目	指标
脂肪/（g·100g^{-1}）	≥3.1
蛋白质/（g·100g^{-1}）	≥2.9
非脂乳固体/（g·100g^{-1}）	≥8.1
酸度/°T	12~18

二、酸乳

（一）工艺流程

酸乳的加工工艺流程如图4-1所示。

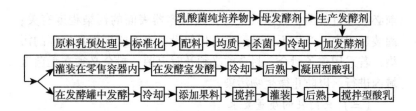

图4-1 酸乳的加工工艺流程

（二）接种前操作要点

1. 原料乳的质量要求

用于制作发酵剂的乳和生产酸乳的原料乳必须是高质量的，要求酸度在18°T以下，杂菌数不高于500 000cfu/mL，乳中全乳固体不得低于11.5%。

2. 酸乳生产中使用的原辅料

（1）脱脂乳粉 用作发酵乳的脱脂乳粉要求质量高、无抗生素和防腐剂。脱脂奶粉可提高干物质含量，改善产品组织状态，促进乳酸菌产酸，一般添加量为1%~1.5%。

（2）稳定剂 在搅拌型酸乳生产中，通常添加稳定剂，常用的稳定剂有明胶、果胶和琼脂，其添加量应控制在0.1%~0.5%。

（3）糖及果料 在酸乳生产中，常添加6.5%~8%蔗糖或葡萄糖。在搅拌型酸乳中常常使用果料及调香物质，如果酱等。在凝固型酸乳中很少使用果料。

3. 配合料的预处理

（1）均质 均质处理可使原料充分混匀，有利于提高酸乳的稳定性和稠度，并使酸乳质地细腻，口感良好。均质所采用的压力一般为20~25MPa。

（2）杀菌 目的在于杀灭原料乳中的杂菌，确保乳酸菌的正常生长和繁殖；钝化原料乳中对发酵菌有抑制作用的天然抑制物；使牛乳中的乳清蛋白变性，以达到改善组织状态，提高黏稠度和防止成品乳清析出的目的。杀菌条件一般为 90~95℃，5min。

4. 接种

杀菌后的乳应马上降温到 45℃ 左右，以便接种发酵剂。接种量根据菌种活力、发酵方法、生产时间的安排和混合菌种配比的不同而定。一般生产发酵剂，其产酸活力为 0.796%~1.0%，此时接种量应为 2%~4%。加入的发酵剂应事先在无菌操作条件下搅拌成均匀细腻的状态，不应有大凝块，以免影响成品质量。

（三）凝固型酸乳的加工

（1）灌装 可根据市场需要选择玻璃瓶或塑料杯，在装瓶前需对玻璃瓶进行蒸汽灭菌，一次性塑料杯可直接使用。

（2）发酵 用保加利亚乳杆菌与嗜热链球菌的混合发酵剂时，温度保持在 41~42℃，培养时间 2.5~4.0h（2%~4% 的接种量），达到凝固状态时即可终止发酵。

一般发酵终点可依据如下条件来判断：滴定酸度达到 80°T 以上；pH 值低于 4.6；表面有少量水痕；变黏稠。

发酵应注意避免震动，否则会影响组织状态；发酵温度应恒定，避免忽高忽低；掌握好发酵时间，防止酸度不够或过度以及乳清析出。

（3）冷却 发酵好的凝固酸乳，应立即移入 0~4℃ 的冷库中，以免继续发酵而造成酸度升高。在冷藏期间，酸度仍会有所上升，同时风味成分双乙酰含量会增加。

试验表明冷却 24h，双乙酰含量达到最高，超过 24h 又会减少。因此，发酵凝固后须在 0~4℃ 贮藏 24h 再出售，通常把该贮藏过程称为后成熟，一般最大冷藏期为 7~14d。

（四）搅拌型酸乳的加工

搅拌型酸乳的加工工艺及技术要求基本与凝固型酸乳相同，其不同点主要是搅拌型酸乳多了一道搅拌混合工艺，这也是搅拌型酸乳的特点。

根据加工过程中是否添加果蔬料或果酱，搅拌型酸乳可分为天然搅拌型酸乳和加料搅拌型酸乳。下面只对与凝固型酸乳的不同点加以说明。

（1）发酵 搅拌型酸乳的发酵是在发酵罐中进行，应控制好发酵罐的温度，避免忽高忽低。发酵罐上部和下部温度差不要超过 1.5℃。

（2）冷却 搅拌型酸乳冷却的目的是快速抑制细菌的生长和酶的活性，以防止发酵过程产酸过度及搅拌时脱水。冷却在酸乳完全凝固（pH 值 4.6～4.7）后开始，冷却过程应稳定进行，冷却过快将造成凝块收缩迅速，导致乳清分离；冷却过慢则会造成产品过酸和添加果料的脱色。搅拌型酸乳的冷却可采用片式冷却器、管式冷却器、表面刮板式热交换器、冷却罐等。

（3）搅拌 通过机械力破碎凝胶体，使凝胶体的粒子直径达到 0.01～0.4mm，并使酸乳的硬度和黏度及组织状态发生变化。在搅拌型酸乳的生产中，这是一道重要工序。

搅拌的方法是机械搅拌使用宽叶片搅拌器，搅拌过程中应注意既不可过于激烈，又不可过长时间。搅拌时应注意凝胶体的温度、pH 值及固体含量等。通常搅拌开始时用低速，以后用较快的速度。

搅拌时的质量控制主要有以下几点。

①温度。搅拌的最适温度 0～7℃，但在实际生产中使 40℃的发酵乳降到 0～7℃不太容易，所以搅拌时的温度以 20～25℃为宜。

②pH 值。酸乳的搅拌应在凝胶体的 pH 值达 4.7 以下时进

行，若在 pH 值 4.7 以上时搅拌，则因酸乳凝固不完全、黏性不足而影响其质量。

③干物质。较高的乳干物质含量对搅拌型酸乳防止乳清分离能起到较好的作用。

④管道流速和直径。凝胶体在通过泵和管道移送，流经片式冷却板片和灌装过程中，会受到不同程度的破坏，最终影响到产品的黏度。凝胶体在经管道输送过程中应以低于 0.5m/s 的层流形式出现，管道直径不应随着包装线的延长而改变，尤其应避免管道直径突然变小。

(4) 混合与罐装 果蔬、果酱和各种类型的调香物质等可在酸乳自缓冲罐到包装机的输送过程中加入，这种方法可通过一台变速的计量泵连续加入酸乳中。在果料处理中，杀菌是十分重要的，对带固体颗粒的水果或浆果进行巴氏杀菌，其杀菌温度应控制在能抑制一切有生长能力的细菌，而又不影响果料的风味和质地的范围内。

(5) 冷却与后熟 将灌装好的酸乳于 0~7℃冷库中冷藏 24h 进行后熟，进一步促使芳香物质的产生和黏稠度的改善。

三、奶油

（一）工艺流程

原料乳→净乳→脂肪分离→稀奶油→杀菌→发酵→成熟→搅拌→排出酪乳→奶油粒洗涤→压炼→包装。

（二）操作要点

1. 原料的要求

(1) 牛乳 我国制造奶油所用的原料，通常是从牛乳开始。只有一小部分原料是在牧场或收奶站经分离后将稀奶油送到加工厂。

制造奶油用的原料乳，虽然没有像灭菌乳、奶粉那样要求严格，但也必须从健康牛挤出来而且在色、香、味、组织状态、脂肪含量及密度等各方面都是正常的乳。可是，当乳质量略差而不适合于制造灭菌乳、奶粉时，也可以作制造奶油的原料。供奶油加工的牛乳，其酸度应低于 22°T，其他指标应符合标准中的生鲜牛乳的一般技术要求。加工酸性奶油的原料中不得有抗生素。

（2）稀奶油　制造奶油的稀奶油，应达到稀奶油标准的一极品和二极品。稀奶油在加工前必须先检验，以决定其质量，并根据其质量划分等级，以便按照等级制造不同的奶油。

（3）食盐　应符合标准《食用盐》中精制盐优极品的规定。

（4）色素　应符合《食用添加剂使用卫生标准》中规定。

2. 稀奶油的分离

稀奶油分离方法一般有静置法和离心法。

（1）静置法　在没有分离机以前，人们将牛乳倒入深罐或盆中，静置于冷的地方，经 24～36h 后，由于乳脂肪的密度低于乳中其他的成分，因此，密度小的脂肪球逐渐上浮到乳的表面而形成含脂率 15%～20% 的稀奶油。利用这种方法分离稀奶油损失的脂肪比较多，所需时间长，容积大，加工能力低。目前仅在牧区使用。

（2）离心法　根据乳脂肪与乳中其他成分之间密度的不同，利用静置时重力作用或离心时离心力的作用，使密度不同的两部分分离出来。连续式牛乳分离机，不仅大大缩短了乳的分离时间和提高了奶油加工率，同时由于连续分离保证了卫生条件，并提高了产品质量。

现在工厂采用的都是"离心法"，通过高速旋转的离心分离机将牛乳分离成含脂率为 35%～45% 的稀奶油和含脂率非常低的脱脂乳。

3. 稀奶油的中和

稀奶油的中和直接影响奶油的保存性，关系到成品的质量。

制造甜性奶油时，奶油的 pH 值即奶油水分的 pH 值应保持在中性附近（6.4~6.8）。一般中和到酸度为 20~22°T，不应该加碱过多，否则产生不良气味。中和可使用的碱有碳酸钠、碳酸氢钠、氢氧化钠等。使用时应注意，中和很快进行，同时不易使酪蛋白凝固，但很快产生二氧化碳，容器过小会使稀奶油溢出。所以先配成 10% 的溶液，再徐徐加入。

4. 稀奶油的杀菌和冷却

稀奶油的杀菌方法一般分为间歇式和连续式两种。小型工厂多采用间歇式的，其方法是将盛有稀奶油的桶放到热水槽内，水槽再用蒸汽等加热，使稀奶油温度达到 85~90℃ 保持数 10s。加热过程中要进行搅拌。大型工厂则多采用板式高温或超高温瞬时杀菌器，连续进行杀菌，高压的蒸汽直接接触稀奶油，瞬间加热至 88~116℃ 后，再进入减压室冷却。此法能使稀奶油脱臭杀菌，有助于风味的改善，可以获得比较芳香的奶油。

冷却温度，制造新鲜奶油时，可冷却至 5℃ 以下。如果制造甜性奶油，则将经杀菌后的稀奶油冷却至 10℃ 以下，然后进行物理成熟。如果是制造酸性奶油，则需经发酵过程，冷却到稀奶油的发酵温度。

5. 稀奶油的发酵

在发酵过程中产生乳酸，抑制腐败细菌的繁殖，因而可提高奶油的保藏性，发酵后的奶油有独特的芳香风味，乳酸菌的存在有利于人体健康。

稀奶油的发酵是经杀菌、冷却的稀奶油泵入发酵槽内，温度调到 18~20℃ 后添加相当于稀奶油 5% 的工作发酵剂。添加时要搅拌，徐徐添加，使其混合均匀。发酵温度保持在 18~20℃，每隔 1h 搅拌 5min，控制稀奶油酸度最后达到表 4-4 中规定程度，停止发酵。

表4-4　稀奶油发酵最后达到的酸度控制表

稀奶油中脂肪含量/%	要求稀奶油最后达到的酸度/°T	
	不加盐奶油	加盐奶油
34	33	26
36	32	25
38	31	25.5
40	30	24

6. 稀奶油的物理成熟

为了使搅拌能顺利进行，保证奶油质量（不至于过软及含水量过多）以及防止乳脂损失，在搅拌前必须将稀奶油充分冷却成熟。通常制造新鲜奶油时，在稀奶油冷却后，立即进行成熟，制造酸性奶油时，则在发酵前或后，或与发酵同时进行。

稀奶油中的脂肪组织，经加热融化后，必须冷却至奶油脂肪的凝固点以下才能重新凝固，所以经冷却成熟后，部分脂肪即变为固体结晶状态。物理成熟的方法各地区应根据稀奶油中的脂肪组成来确定。一般根据乳脂肪中碘值变化来确定不同的物理成熟条件，如表4-5所示。

表4-5　各种不同碘值的稀奶油成熟温度与搅拌温度

碘　值	稀奶油成熟温度/℃	搅拌温度/℃
<28	8~21~6~16	12
28~31	8~20~12~14	14
32~34	8~19~12~13	13
35~37	10~13~14~15	12
38~40	20~20~9~11	11
>40	20~20~7~10	10

7. 添加色素

为了使奶油颜色全年一致，当颜色太淡时，即需要添加色素。最常用的一种天然色素是胭脂树橙（Annatto），它是天然的植物色素。胭脂树橙的3%溶液（溶于食用植物油中）叫作奶油黄。通常用量为稀奶油的 0.01%~0.05%。

夏季因原有的色泽比较浓，所以不需要再加色素；入冬以后，色素的添加逐渐增加。为了使奶油的颜色全年一致，可以对照"标准奶油色"的标本，调整色素的加入量。奶油色素除了用安那托外，还可以用合成色素。但必须根据卫生标准规定，不得任意采用。

添加色素通常在搅拌前直接加到搅拌器中的稀奶油中。

8. 稀奶油的搅拌

将稀奶油置于搅拌器中，利用机械的冲击力使脂肪球膜破坏而形成脂肪团粒，这一过程称为"搅拌"。搅拌时分离出来的液体称为酪乳。稀奶油的搅拌是奶油制造的最重要的操作。其目的是使脂肪球互相聚结而形成奶油粒，同时分离酪乳。此过程要求在较短时间内形成奶油粒，且酪乳中脂肪含量越少越好。

（1）搅拌原理 当对稀奶油搅拌时，形成了蛋白质泡沫层。因为表面活性作用，脂肪球的膜被吸到气—水界面，脂肪球被集中到泡沫中。搅拌继续时，蛋白质脱水，泡沫变小，使得泡沫更为紧凑，因此对脂肪球施加压力，可引起一定量的液体脂肪球中被挤出，并使部分膜破裂。这种含有液体脂肪也含有脂肪结晶的物质，以一薄层形式分散在泡沫的表面和脂肪球上。当泡沫变得相当稠密时，更多的液体脂肪被压出，这种泡沫因不稳定而破裂。脂肪球凝结进入奶油的晶粒中，即脂肪从脂肪球变成奶油粒。

（2）影响搅拌的因素

①稀奶油的脂肪含量。它决定脂肪球间距离的大小。如含脂

率为 3.4%的乳中脂肪球间的距离为 71μm；含脂率 20%的稀奶油，脂肪球间的距离为 2.2μm；含脂率 40%时，距离为 0.56μm。含脂率越高脂肪球间距离越近，形成奶油粒也越快。但如稀奶油中含脂率过高，搅拌时形成奶油粒过快，小的脂肪球来不及形成脂肪粒与酪乳一同排出，造成脂肪的损失。同时含脂率过高时黏度增加，易随搅拌器同转，不能充分形成泡沫，反而影响奶油粒的形成。所以一般要求稀奶油的含脂率达 32%~40%。

②物理成熟的程度。物理成熟对成品的质量和数量有决定性意义。固体脂肪球较液体脂肪球漂浮在气泡周围的能力强数倍。如果成熟不够，易形成软质奶油，并且温度高形成奶油粒速度快，有一部分脂肪未能集中在气泡处即形成奶油粒，而损失在酪乳中，使奶油产率减低，质量也很差。成熟好的稀奶油在搅拌时可形成很多的泡沫，有利于奶油粒的形成，使酪乳中脂肪含量大大减少。因此，物理成熟是制造奶油的重要条件。

③搅拌时的最初温度。搅拌温度决定着搅拌时间的长短及奶油粒的好坏。搅拌时间随着搅拌温度的提高而缩短，因此温度高时液体脂肪多，泡沫多，泡沫破坏快，因此奶油粒形成迅速。但奶油的质量较差，同时脂肪的损失也多。如果温度接近乳脂肪的熔点（33.9℃），不能形成奶油粒。相反，如果温度过低，奶油粒过于坚硬，压炼操作不能顺利进行，结果容易制成水分过少，组织松散的奶油。实践证明，稀奶油搅拌时适宜的最初温度是：夏季 8~10℃，冬季 10~14℃，温度过高或过低时，均会延长搅拌时间，且脂肪的损失增多。当稀奶油搅拌时温度在 30℃ 以上或 5℃ 以下，则不能形成奶油粒。

④搅拌机中稀奶油的装满程度。搅拌时，搅拌机中装的量过多过少，均会延长搅拌时间，一般小型手摇搅拌机要装入其体积的 30%~50%，大型电动搅拌机可装入 50%为宜。若稀奶油装得过多，则因形成泡沫困难而延长搅拌时间，但最少不得低

于 20%。

⑤搅拌的转速。搅拌机的转速一般为 40r/min，若转速过快由于离心力增大，使稀奶油与搅拌桶一起旋转，若转速太慢，则稀奶油沿内壁下滑，两种情况都起不到搅拌的作用，均需延长时间。

⑥稀奶油的酸度。经发酵的酸性稀奶油比未经发酵的稀奶油容易搅拌，所以稀奶油经发酵后有 3 种作用，即使成品增加芳香味、脂肪的损失减少以及容易搅拌。

稀奶油经发酵后乳酸增多，使稀奶油中起黏性作用的蛋白质的胶体性质逐渐变成不稳定，甚至凝固而使稀奶油的黏度降低，脂肪球容易相互碰撞，因此容易形成奶油粒。因此，制造奶油用的稀奶油酸度以 35.5°T 以下，普通以 30°T 为最适宜。

9. 奶油粒的洗涤

奶油粒洗涤是为了除去残余在奶油粒表面的酪乳和调整奶油的硬度，提高奶油的保存性，同时如用有异常气味的稀奶油制造奶油时，通过洗涤能使部分异味消失。酪乳中含有蛋白质及糖，利于微生物的生长，所以尽量减少奶油中这些成分的含量。

洗涤的方法是将酪乳放出后，奶油粒用杀菌冷却后的清水在搅拌机中进行。洗涤加入水量为稀奶油量的 50%左右，但水温需根据奶油的软硬程度而定。奶油粒软时应使用比稀奶油温度低 1~3℃的水。一般水洗的水温在 3~10℃的范围。夏季水温宜低，冬季水温稍高。注水后以慢慢转动 3~5 圈进行洗涤停止转动，将水放出。必要时可进行几次，直到排出水清为止。

10. 奶油的加盐

酸性奶油一般不加盐，而甜性奶油有时加盐。加盐是为了改善风味，抑制微生物的繁殖，提高其保存性。所用盐应符合国家标准中精制盐优极品的规定。加盐时，先将食盐在 120~130℃下烘焙 3~5min，然后通过 30 目的筛。待奶油搅拌机内洗涤水排出后，在奶油表面均匀加上烘烤过筛的盐。奶油成品中的食盐含量以 2%为标准，由于在压炼时部分食盐流失，因此添加时，按2.5%~3.0%的数量加入。加入后静置 10min 左右，然后进行压炼。

11. 奶油的压炼

将奶油粒压成奶油层的过程称为压炼。小规模加工奶油时，可在压炼台上手工压炼，一般工厂均在奶油制造器中进行压炼。奶油压炼方法有搅拌机内压炼和搅拌机外专用压炼机压炼两种，现在大多采用机内压炼方法，即在搅拌机内通过轧辊和不通过轧辊对奶油粒进行挤压从而达到目的。此外还可以在真空条件下压炼，使奶油中空气量减少。正确压炼的新鲜奶油、加盐奶油和无盐奶油，不论哪种方法，最后压炼完成后奶油的含水量要在 16%以下，水滴必须达到极微小状态，奶油切面上不允许有流出的水滴。

12. 奶油的包装

奶油根据其用途可分成餐桌用奶油、烹调用奶油和食品工业用奶油等。餐桌用奶油是直接食用，故必须是优质的，都需小包装，一般用硫酸纸、塑料夹层纸、复合薄膜等包装材料包装，也有用马口铁罐进行包装的。对于食品工业用奶油由于用量大，所以常用大包装。包装时切勿用手直接接触奶油，小规格的包装一般均采用包装机进行包装。

奶油包装之后，送入冷库中贮存。当贮存期只有 2~3 周时，可以放入 0℃冷库中；当贮存 6 个月以上时，应放入-15℃冷库中；当贮存期超过 1 年时，应放入-25~-20℃冷库中。

四、干酪

干酪是以牛乳、稀奶油、部分脱脂乳、酪乳或这些产品的混合物为原料，经凝乳并分离出乳清而制得的新鲜或发酵成熟的乳制品。

（一）工艺流程

原料乳的验收→标准化→杀菌和冷却→添加剂的加入→凝块的形成及处理→成型压榨→加盐→干酪的成熟。

（二）操作要点

1. 原料乳的验收

按照灭菌乳的原料乳标准进行验收，不得使用含有抗生素的牛乳。原料乳的净化既能除去生乳中的机械杂质以及黏附在这些机械杂质上的细菌，又能除去生乳中的一部分细菌，特别是对干酪质量影响较大的芽孢菌。

2. 标准化

（1）标准化的目的　使每批干酪组成一致。使成品符合统一标准。质量均匀，缩小偏差。

（2）标准化的注意事项　正确称量原料乳的质量；正确检验脂肪的含量；测定或计算酪蛋白含量；每槽分别测定脂肪含量；确定脂肪/酪蛋白之比，然后计算需加入的脱脂乳（或除去稀奶油）数量。

3. 原料乳的杀菌和冷却

从理论上讲，加工不经成熟的新鲜干酪时必须将原料乳杀菌，而加工经 1 个月以上时间成熟的干酪时，原料乳可不杀菌。但在实际加工中，一般都将杀菌作为干酪加工工艺中的一道必要的工序。

杀菌的条件直接影响着产品质量。若杀菌温度过高，时间过长，则蛋白质热变性量增多，用凝乳霉酶凝固时，凝块松软，且收缩后也较软，往往形成水分较多的干酪。所以多采用 63℃，30min 或 71~75℃，15s 的杀菌方法。

杀菌后的牛乳冷却到 30℃左右，放入干酪槽中。

4. 添加剂的加入

在干酪制作过程中必须加入发酵剂，根据需要还可添加氯化钙、色素、防腐性盐类如硝酸钾或硝酸钠等，使凝乳硬度适宜，色泽一致，减少有害微生物的危害。

根据计算好的量，按以下顺序将添加剂加入。

(1) 加入氯化钙 用灭菌水将氯化钙溶解后加入，并搅拌均匀。如果原料乳的凝乳性能较差，形成的凝块松散，则切割后碎粒较多，酪蛋白和脂肪的损失大，同时排乳清困难，干酪质量难以保证。为了保持正常的凝乳时间和凝块硬度，可在每100kg乳中加入5~20g氯化钙，以改善凝乳性能。但应注意的是，过量的氯化钙会使凝块太硬，难以切割。

(2) 加入发酵剂 将发酵剂搅拌均匀后加入。乳经杀菌后，直接倒入干酪槽中，冷却至30~32℃，然后加入经过搅拌并用灭菌筛过滤的发酵剂，充分搅拌。为了使干酪在成熟期间能获得预期的效果，达到正常的成熟，加发酵剂后应使原料乳进行短时间的发酵，也就是预酸化。约经10~15min的预酸化后，取样测定酸度。

(3) 加入硝酸钾 用灭菌水将硝酸钾溶解后加入原料乳中，搅拌均匀。原料乳中如有丁酸菌或产气菌时，会产生异常发酵，可以用硝酸盐（硝酸钠或硝酸钾）来抑制这些细菌。但其用量需根据牛乳的成分和加工工艺精确计算，因过多的硝酸盐能抑制发酵剂中细菌生长，影响干酪的成熟，还会使干酪变色，产生红色条纹和一种异味。通常硝酸盐的添加量每100kg不超过30g。

(4) 加入色素 用少量灭菌水将色素稀释溶解后加入到原料乳中，搅拌均匀。可加胡萝卜素或胭脂树橙等色素，使干酪的色泽不受季节影响。其添加量通常为每1 000kg原料乳中加30~60g浸出液。在青纹干酪加工中，有时添加叶绿素，来反衬霉菌产生的青绿色条纹。

（5）加入凝乳酶 先用1%的食盐水（或灭菌水）将凝乳酶配成2%的溶液，并在28~32℃下保温30min，然后加到原料乳中，均匀搅拌后（1~2min）加盖，使原料乳静止凝固。加工干酪所用的凝乳酶，一般以皱胃酶为主。如无皱胃酶时也可用胃蛋白酶代替。酶的添加量需根据酶的活力（也称效价）而定。一般以在35℃保温下，经30~35min能进行切块为准。

5. 凝块的形成及处理

（1）凝乳过程 凝乳酶凝乳过程与酸凝乳不同，即先将酪蛋白酸钙变成副酪蛋白酸钙后，再与钙离子反应而使乳凝固，乳酸发酵及加入氯化钙有利于凝块的形成。

（2）凝块的切割 牛乳凝固后，凝块达到适当硬度时，用干酪刀切成7~10mm的小立方体，凝乳时间一般为30min左右。是否可以开始切割，可通过以下方法判断：用小刀斜插入凝乳表面，轻轻向上提，使凝乳表面出现裂纹，当渗出的乳清澄清透明时，说明可以切割；也可在干酪槽侧壁出现凝乳剥离时切割，或以从凝乳酶加入至开始凝固时间的2.5倍作为切割时间。切割过早或过晚，对干酪得率和质量均会产生不良影响。

6. 成型压榨

（1）入模定型 乳清排出后，将干酪粒堆在干酪槽的一端，用带孔木板或不锈钢板压5min，使其成块，并继续压出乳清然后将其切成砖状小块，装入模型中，成型5min。

（2）压榨 压榨可使干酪成型，同时进一步排出乳清，干酪可以通过自身的重量和通过压榨机的压力进行长期和短期压榨。为了保证成品质量，压力、时间、酸度等参数应保持在规定值内。压榨用的干酪模型必须是多孔的，以便将乳清从干酪中压榨出来。

7. 加盐

在干酪制作过程中，加盐可以改善干酪风味、组织状态和外观，调节乳酸发酵程度，抑制腐败微生物生长还能够降低水分，起到控制产品最终水分含量的作用。加盐的量因品种而异，10%~20%不等。

干酪的加盐方法，通常有下列 4 种。

①将盐撒在干酪粒中，并在干酪槽中混合均匀。

②将食盐涂布在压榨成型后的干酪表面。

③将压榨成型后的干酪取下包布，置于盐水池中腌渍，盐水的浓度，第一天至第二天保持在 17%~18%，以后保持在 22%~23%。为防止干酪内部产生气体，盐水温度应保持在 8℃左右，腌渍时间一般为 4d。

④以上几种方法混合使用。

8. 干酪的成熟

新鲜干酪如农家干酪和稀奶油干酪一般认为是不需要成熟的，而契达干酪、瑞士干酪则是成熟干酪。

（1）干酪成熟的条件 干酪的成熟是指在一定条件下，干酪中包含的脂肪、蛋白质及碳水化合物等在微生物和酶的作用下分解并发生其他生化反应，形成干酪特有风味、质地和组织状态的过程。这一过程通常在干酪成熟室中进行。不同种类的干酪成熟温度为 5~15℃，室内空气相对湿度为 65%~90%，成熟时间为 2~8 个月。

（2）成熟过程中的变化 在成熟过程中，干酪的质地逐渐变得软而有弹性，粗糙的纹理逐渐消失，风味越来越浓郁，气孔慢慢形成。这些外观变化从本质上说归因于干酪内部主要成分的变化。

①蛋白质的变化。干酪中的蛋白质在乳酸菌、凝乳酶以及乳中自身蛋白酶的作用下发生降解，生成多肽、肽、氨基酸、胺类化合物以及其他产物。由于蛋白质的降解，一方面干酪的蛋白质网络结构变得松散，使得产品质地柔软，另一方面随着因肽键断裂产生的游离氨基和羧基数的增加，蛋白质的亲水能力大大增

强，干酪中的游离水转变为结合水，使干酪内部因凝块堆积形成的粗糙纹理结构消失，质地变得细腻并有弹性，外表也显得比较干爽，另外蛋白质也易于被人消化吸收，此外蛋白质分解产物还是构成干酪风味的重要成分。

②乳糖的变化。乳糖在生干酪中含量为 1%~2%，而且大部分在 48h 内被分解，且成熟 2 周后消失变成乳酸。乳酸抑制了有害菌的繁殖，利于干酪成熟，并从酪蛋白中将钙分离形成乳酸钙。乳酸同时与酪蛋白中的氨基反应形成酪蛋白的乳酸盐。由于这些乳酸盐的膨胀，使干酪粒进一步黏合在一起形成结实并具有弹性的干酪团。

③水分的变化。干酪在成熟过程中水分蒸发而重量减轻，到成熟期由于干酪表面已经脱水硬化形成硬皮膜，而水分蒸发速度逐渐减慢，水分蒸发过多容易使干酪形成裂缝。

④滋气味的形成。干酪在成熟过程中能形成特有的滋气味，这主要与下列因素有关：一是蛋白质分解产生游离态氨基酸，据测定，成熟的干酪中含有 19 种氨基酸给干酪带来新鲜味道和芳香味；二是脂肪分解产生游离脂肪酸，其中低级脂肪酸是构成干酪风味的主体；三是乳酸菌发酵剂在发酵过程中使柠檬酸分解，形成具有芳香风味的丁二酮；四是加盐可使干酪具有良好的风味。

⑤气体的产生。由于微生物的生长繁殖，将在干酪内产生种种气体。即使同一种干酪，各种气体的含量也不一样，其中 CO_2 和 H_2 最多，H_2S 也存在，从而在干酪内部形成圆形或椭圆形且分布均匀的气孔。

（3）影响干酪成熟的因素 影响干酪成熟的因素有以下方面。

①成熟时间。成熟时间长则水溶性含氮物量增加，成熟度高。

②温度。若其他成熟条件相同，则温度越高，成熟程度

越高。

③水分含量。水分含量越多，越容易成熟。

④干酪大小。干酪越大，成熟越容易。

⑤含盐量。含盐量越多，成熟越慢。

⑥凝乳酶添加量。凝乳酶添加量越多，干酪成熟越快。

⑦杀菌。原料乳不经杀菌则容易成熟。

第三节　蛋类制品加工技术

一、卤蛋

（一）工艺流程

原料禽蛋→照蛋检验→清洗、消毒→高压蒸熟→冷却、剥壳→卤料配制→高压卤制→冷却、烘干→装袋、封口→高温高压灭菌→检验、装箱→成品贮藏。

卤蛋的关键生产工艺流程如图 4-2 所示。

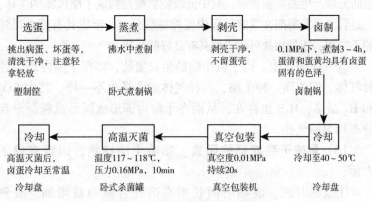

图4-2　卤蛋的生产工艺流程

（二）操作要点

1. 原料采购

作为控制禽蛋致病微生物、寄生虫、兽药残留、异物的关键控制点，对每一批购进的原料禽蛋可采取3种方法控制：感官检测和灯光透视；禽蛋供应商提供产品合格证、检疫合格证；定期抽检。

作为控制香辛料致病菌、寄生虫、农药残留、金属物、异物的关键控制点，对每一批购进的香辛料可采取3种方法控制：感官检查；菜农保证卡；定期抽检。

酱油、辅料、包装材料由供货商提供合格证及化验部门抽检来控制。

2. 禽蛋清洗消毒

作为致病菌、余氯、异物等的关键控制点，在这个工序必须严格控制消毒槽氯水液温、氯液浓度和消毒时间，并将禽蛋清洗干净，防止余氯残留；通过认真仔细挑选，做到异物残留为零，防止其进入下一道工序。由于在饲养及产蛋过程中可能受到环境污染、致病菌污染，以及兽药残留，同时原料禽蛋收购时经常伴有饲料、杂草等异物，因此原料禽蛋处理时需要照蛋挑拣二三遍，必要时增加照蛋挑拣次数和清洗消毒次数。该控制点的关键限值是适宜的原料、禽蛋的照蛋挑拣和清洗消毒次数。

3. 高温灭菌

作为致病微生物的关键控制点，在这个工序必须严格控制杀菌压力、温度和时间，规范杀菌操作；通过认真、规范的操作程序，杀灭成品中各种微生物及芽孢杆菌，使大肠杆菌、致病菌（沙门氏菌）、类芽孢杆菌在检出限下，以保证成品质量。卤蛋是低酸性食品，虽经高温高压卤制操作，杀灭了大部分微生物，但在冷却烘干、装袋、真空封口等工序操作中仍可能二次污染大量致病微生物。为消除该危害，必须严格控制杀菌压力、温度和时间，规范杀菌操作；实际操作中，高温高压灭菌处理关键控制点的关键限值是各种微生物及芽孢杆菌的检出为零。

4. 金属检测

该工序是专门控制金属物残留的关键控制点，每袋卤蛋都必须经过金属检测器，每小时用直径为 1.5mm 的测试板测试金属检测仪的灵敏度。对未通过金属检测器（正常状态）的产品应拆袋逐个检测，直至找出金属残留物。在卤蛋生产过程中，蒸制、去皮、卤制等工序均要使用蒸煮机、去皮机、卤制锅、烘干机等设备，可能因设备的磨损或操作人员的不规范操作，造成金属碎片的脱落或将其他金属物带入产品。为消除该危害，采用金属检测仪专门加以控制，并每隔 1h 测试一次仪器的灵敏度，确保金属检测仪处于校准状态。实际操作中，金属检测控制点的关键限值是金属异物残留为零。

5. 成品贮藏

该工序是专门控制产品微生物的关键控制点，要求成品库温度≤25℃，阴凉通风，避免阳光暴晒。每天抽样 1 次，进行大肠杆菌、致病菌（沙门氏菌）、类芽孢杆菌的检测，并做好监控记录，及时剔出不合格产品。成品贮藏过程中，由于温度、湿度、通风、阳光暴晒、堆垛，以及包装材料等因素，可能引起产品在保质期内的漏气、胀袋、开袋变色及味变酸等变质现象。实际操作中，成品贮藏控制点的关键限值是（罐头食品）商业无菌。

6. 包装

卤蛋产品包装通常采用复合包装材质，厚度为 0.1mm，颜色为透明，材质为多层共挤膜。

二、无铅松花蛋

松花蛋，又称皮蛋、变蛋等，是我国传统的风味蛋制品，不仅为国内广大消费者所喜爱，在国际市场上也享有盛名。

（一）工艺流程

原料蛋→敲蛋→照蛋→分级→装缸与灌料→出缸→品质检验→保质贮藏。

（二）产品配方

鸭蛋100枚，纯碱250g，生石灰675g，食盐100g，草木灰960g，茶叶100g，氯化锌和香料少许。另外要备谷壳或锯末，用于黏附在配料外表。

（三）操作要点

1. 原料蛋的选择与检验

原料蛋应是经感观鉴定和照蛋法检测后，再用敲蛋法挑出裂纹蛋、沙壳蛋、油蛋、铁壳蛋等不宜加工的鲜蛋。敲蛋的方法是左手拿2枚鸭蛋，右手拿1枚鸭蛋，逐个轻轻地敲击，切不可用2枚蛋相互碰撞，否则碎缝或小裂纹的鸭蛋不易被检查出来。敲时先敲两头，然后敲腰身，旋转轮敲，处处敲到。凡是听到有发哑的声音，则表明蛋壳有小缝（小裂纹），这种小裂纹蛋也叫裂纹蛋；而像钢球碰撞一样的声音则为铁壳蛋。

2. 料液配制（NaOH含量4%~5%）

先将纯碱、茶末放入缸中，再将沸水倒入缸中，充分搅拌使其全部溶解；然后分次投放生石灰（注意石灰不能一次投入太多，以防沸水溅出伤人），待自溶后搅拌；取少量上层溶液溶解氯化锌，然后倒入料液中；加入食盐，搅拌均匀，充分冷却，捞出渣屑，待用。

3. 装缸与灌料

经挑选出来的鲜鸭蛋，分级装入清洁的缸内，要轻拿轻放，装至缸口6~10cm处，加上眼竹网盖，并用木棍压住，以免灌汤后鸭蛋漂浮起来。将经过冷却凉透的料液加以搅动，使其浓度均匀，按需要量由缸的一边徐徐灌入缸内，直至使鸭蛋全部被料液淹没为止。灌汤时切忌猛倒，避免将蛋碰破和浪费料液。料汤灌好后，再静置，待鸭蛋在料液中腌制成熟。料汤的温度要随季节不同而异，应掌握在 20~22℃。

4. 定期检测

首先是掌握室内（缸内）温度，一般要求在 21~24℃，鸭蛋浸入料汤内春秋季节经过 7~10d、夏季经过 3~4d、冬季经过 5~7d 的浸泡，蛋的内容物即开始变化，蛋白首先变稀，随后约经 3d，蛋白逐渐凝固。此时室内温度可提高到 20~27℃，以便加速碱液和其他配料向蛋内渗透，促进皮蛋凝固变色，及时成熟，浸泡 15d 左右，可将室内温度降低到 15~18℃，以便使料液徐徐进入蛋内，使变化过程缓和。

不同地区的室内温度要求也有所不同，温度要避免过高或过低，过高会爆裂，过低会影响凝固变色。因此，夏季气温过高时，可采取一些降温的措施；冬季气温低时，可适当采取保温措施。在有条件的地方，缸房设在地下室，冬暖夏凉。腌制过程中，应有专人负责注意勤观察、勤检查，以便发现问题及时解决。

5. 出缸

经检查已成熟的皮蛋就要出缸。浸泡时间为 30~40d。一般气温低季节，浸泡时间长些；气温高季节，浸泡时间短些。蛋浸泡后蛋壳易碎，出缸时要注意轻拿轻放。操作人员要戴上胶皮手套，以免烧伤手指。出缸后的皮蛋要用 1.5%~1.8% 的烧碱溶液或浸泡过皮蛋的上清液冲洗皮蛋壳上的污物。若用凉开水冲洗，则要及时包泥或打蜡。

6. 品质检验

皮蛋包涂前必须进行品质检验，剔除破蛋、次蛋、劣蛋，以保证皮蛋的质量。检验方法以感官检验为主，光照检验为辅，即"一看、二掂、三摇晃、四弹、五照、六剥检"。

（1）看 看蛋壳是否完整，壳色是否正常，将破损蛋、裂纹蛋、黑壳蛋和较大的黑色斑块蛋剔除。

（2）掂 即用手掂蛋。取一枚蛋放在手中，向上抛起5～20cm高，连抛数次，鉴定其内容物有无弹性。若有轻微弹性且有沉重感的为优质皮蛋；若弹性较大，则为大溏心皮蛋；若无弹性则为水响皮蛋或烂头皮蛋。

（3）摇晃 即用手摇晃。此法是对无弹性皮蛋的补充检查。方法是用拇指、中指捏住皮蛋的两端，在耳边上下左右摇晃两、三次，听其有无水响声。无水响声的为好蛋，有水响声的为水响皮蛋或烂头皮蛋。

（4）弹 即用手指弹。将皮蛋放在左手掌中，以右手食指轻轻弹打蛋的两端，弹声如为柔软之"特"即为好蛋，如发出比较生硬的"得"即为劣蛋。

（5）照 即用光透视。照蛋时若皮蛋大部分呈黑色（墨绿色），蛋的小头呈黄棕色或微红色即为优质皮蛋。若蛋内大部分或全部呈黄褐色并有轻微移动现象，即为未成熟的蛋。若蛋内呈黑色暗影并有水泡阴影来回转动，即为水响蛋。若蛋的一端呈深红色即为烂头蛋。

（6）剥检 抽取样品皮蛋剥壳检验，先观察外形、色泽、硬度等情况。再用刀纵向切开，观察其内部蛋黄、蛋白、色泽状况，最后进行品尝。若蛋白光洁，离壳好，呈现棕褐色或茶青色的半透明体；蛋黄为墨绿色或草绿色，蛋黄心为橘黄色小溏心，气味芳香，口味香美则为优质皮蛋。若蛋白黏壳、烂头、水样液化，更严重的蛋黄呈黄红色且变硬，有辛辣碱味即为碱伤蛋。若蛋白凝固较软，蛋黄溏心较大，有蛋腥味即为不完全成熟的皮蛋。若蛋白凝固良好，蛋黄呈黄色，则为接触空气而变黄的皮蛋。这种皮蛋虽然可以食用，但缺乏皮蛋特有的风味。

7. 包涂保质

（1）涂泥包糠 皮蛋出缸后要及时涂泥包糠。其作用有3

种：第一，保护蛋壳以防破损，因为鲜蛋浸泡后，蛋壳变脆易破损；第二，延长保存期，防止皮蛋接触空气或被细菌污染；第三，促进皮蛋后熟，增加蛋白的硬度（尤其是因高温提前出缸而蛋白尚软，溏心较大的皮蛋）。涂泥包糠方法：可用浸泡过蛋的料液加黄泥调成浓厚糊状，包泥时应戴上胶皮手套，每只蛋包泥70~80g，泥的厚度2~3mm。包泥以后，还需要在表面粘一层糠壳，外包塑料薄膜。

（2）包膜 此法与涂泥包糠相比，具有卫生、美观、方便的特点，可选用浙江省农业科学院畜牧研究所畜产品加工课题组研制的无铅皮蛋保鲜膜在出缸的皮蛋上每枚包一张膜，达到保质的目的。

8. 贮存

皮蛋的贮存方法一般有3种。

（1）原缸贮存 即延长已成熟的皮蛋的出缸日期，继续存放在原缸，一般可贮存3~5个月而品质不变。

（2）包料后装缸贮存 即用全料包蛋，装缸后密封贮存，贮存期可达半年左右。

（3）包料后装箱或装篓贮存 用全料包蛋，不装缸而装入尼龙袋内，用纸箱或竹篓包装，放在库内贮存，贮存期可达3~5个月，但夏季气温高时一般不用纸箱或竹篓贮存方法，最好采用装缸贮存。

皮蛋的贮存期还与季节有关，一般春季贮存期较长，而夏季贮存期较短。由于皮蛋是一种风味食品，一般不宜贮存过久。库内的温度控制在10~20℃为宜，并应将盛有皮蛋的缸（坛）篓（箱）置于凉爽通风处，切勿受日晒，也需防止雨淋或受潮，以免造成皮蛋发霉变质。

三、糟蛋

糟蛋是新鲜鸭蛋（或鸡蛋）用优质糯米糟制而成。其特点是经过糟渍后，硬壳变软，只有一层薄膜包住蛋体，蛋黄软嫩、饱满而完整，蛋白呈糊状，带有酒糟的甜香味，蛋黄为橘红色，味道鲜美，只要用筷或叉轻轻拨破软壳就可食用，是中国别具一格的特色传统美食，以浙江平湖糟蛋、陕州糟蛋和四川宜宾糟蛋最为著名。糟蛋加工的季节性较强，是在3月至端午节间，端午后天气渐热，不宜加工。

（一）工艺流程

加工糟蛋要掌握好3个环节，即酿酒制糟、选蛋击壳、装坛糟渍。

酿酒制糟：选米→浸洗→蒸饭→淋饭→拌酒药及酿糟。

选蛋击壳：选蛋→洗蛋→击蛋破壳。

装坛糟渍：蒸坛→落坛→封坛→成熟。

（二）配方

鲜鸭蛋120只，优质糯米50kg（熟糯米饭75kg），食盐1.5kg，甜酒药200g，白酒药100g。

（三）操作要点

1. 酿酒制糟

（1）精选糯米 应选择米粒饱满、颜色洁白、无异味和杂质少的糯米作为酿制酒糟的原料。

（2）浸洗（浸米） 将选好的糯米进行淘洗，然后放入缸内用冷水浸泡，浸泡的时间要根据气温的高低而有所不同，浸泡时间以气温20℃浸泡24h为计算依据，气温每上升2℃可减少浸泡时间1h，气温每下降2℃，需增加浸泡时间1h。

（3）蒸饭 把浸好的糯米从缸中捞出，用冷水冲洗1次，倒入蒸桶内（每桶装米约37.5kg），米面铺平。在蒸饭前，先将锅内水烧开，再将蒸饭桶放在蒸板上，先不加盖，待蒸汽从锅内透过糯米上升后，再用木盖盖好，约 10min 左右将木盖拉开，用洗帚浸蘸热水洒泼在米饭上，以使上层米饭蒸涨均匀，防止上层米饭因水分蒸发而米粒水分不足，米粒不涨，出现僵饭。再将木盖盖好蒸 15min，揭开锅盖，用木棒将米搅拌 1 次，再蒸 5min，使米饭全部熟透。蒸饭的程度掌握在出饭率 150% 左右，要求饭粒松，无白心，透而不烂，熟而不黏。

(4) 淋饭 亦称淋水，目的是使米饭迅速冷却，便于接种。将蒸好饭的蒸桶放于淋饭架上，用冷水浇淋，使米饭冷却，一般每桶饭用水 75kg，2~3min 内淋尽，使热饭的温度降到 28~30℃，手摸不烫为度，但也不能降得太低，以免影响菌种的生长和发育。

(5) 拌酒药及酿糟 淋水后的饭，沥去水分，倒入缸中，撒上预先研成细末的酒药。酒药的用量以 50kg 米出饭 75kg 计算，需加入白酒药 100g、甜酒药 200g，还应根据气温的高低而增减用药量。加酒药后，将饭和酒药搅拌均匀，面上拍平、拍紧，表面再撒上一层酒药，中间挖一个直径 3cm 的坑，上大下小。坑穴深入缸底，坑底不要留饭。缸体周围包上草席，缸口用干净草盖盖好，以便保温。

经 20~30h，温度达 35℃ 时就可出酒酿。当坑内酒酿有 3~4cm 深时，应将草盖用竹棒撑起 12cm 高，以降低温度，防酒糟热解、发红、产生苦味。待满坑时，每隔 6h，将坑之酒酿用勺浇泼在面上，使糟充分酿制。经 7d 后，把酒糟拌和灌入坛内，静置 14d 待变化完成、性质稳定时方可供制糟蛋用。品质优良的酒糟色白、味香、略甜，乙醇含量为 15% 左右。

2. 选蛋击壳

(1) 选蛋 根据原料蛋的要求进行选蛋，通过感观鉴定和照蛋，剔除次劣蛋和小蛋，整理后粗分等级。特级：每千枚重

75kg。一级：每千枚重70kg。二级：每千枚重65kg。

（2）洗蛋　挑选好的蛋，在糟渍前1~2d逐枚用板刷清洗，除去蛋壳上的污物，再用清水漂洗，然后铺于竹匾上，置通风阴凉处晾干。如有少许的水迹也可用干净毛巾擦干。

（3）击蛋破壳　击蛋破壳是平湖糟蛋加工的特有工艺，是保证糟蛋软壳的主要措施。其目的是在糟渍过程中，使醇、酸、糖等物质易于渗入蛋内，提早成熟，并使蛋壳易于脱落和蛋身膨大。击蛋时，将蛋放在左手掌上，右手拿竹片，对准蛋的纵侧，轻轻一击使蛋产生纵向裂纹，然后将蛋转半周，仍用竹片照样击一下，使纵向裂纹延伸连成一线，击蛋时用力轻重要适当，壳破而膜不破，否则不能加工。

3. 装坛糟渍

（1）蒸坛　糟渍前将所用的坛检查一下，看是否有破漏，用清水洗净后进行蒸汽消毒。消毒时，将坛底朝上，涂上石灰水，然后倒置在带孔眼的木盖上，再放在锅上，加热锅里的水至沸，使蒸汽通过盖孔而冲入坛内加热杀菌。如发现坛底或坛壁有气泡或蒸汽透出，即是漏坛，不能使用，待坛底石灰水蒸干时，消毒即完毕。然后把坛口朝上，使蒸汽外溢，冷却后叠起，坛与坛之间用2张衬垫，最上面的坛，用方砖压上，备用。

（2）落坛　取经过消毒的糟蛋坛，用酿制成熟的酒糟4kg（底糟）铺于坛底，摊平后，随手将击破蛋壳的蛋放入，每枚蛋的大头朝上，直插入糟内，蛋与蛋依次平放，相互间的间隙不宜太大，但也不要挤得过紧，以蛋四周均有糟且能旋转自如为宜。第一层蛋排放后再入腰糟4kg，同样将蛋放上，即为第二层蛋。一般第一层放蛋50多枚，第二层放60多枚，每坛放2层共120枚。第二层排满后，再用面糟摊平盖面，然后均匀地撒上1.6~1.8kg食盐。

（3）封坛　目的是防止乙醇、乙酸挥发和细菌的侵入。蛋入糟后，坛口用牛皮纸 2 张，刷上猪血，将坛口密封，外再用箬包牛皮纸，用草绳沿坛口扎紧。封好的坛，每 4 坛一叠，坛与坛间用三丁纸垫上（纸有吸湿能力），排坛要稳，防止摇动而使食盐下沉，每叠最上一只坛口用方砖压实。每坛上面标明日期、蛋数、级别，以便检验。

（4）成熟 糟蛋的成熟期为 4.5～5.5 个月，应逐月抽样检查，以便控制糟蛋的质量。根据成熟的变化情况，来判别糟蛋的品质。

第 1 个月，蛋壳带蟹青色，击破裂缝已较明显，但蛋内容物与鲜蛋相仿。

第 2 个月，蛋壳裂缝扩大，蛋壳与壳内膜逐渐分离，蛋黄开始凝结，蛋白仍为液体状态。

第 3 个月，蛋壳与壳内膜完全分离，蛋黄全部凝结，蛋白开始凝结。

第 4 个月，蛋壳与壳内膜脱开 1/3，蛋黄微红色，蛋白乳白状。

第 5 个月，蛋壳大部分脱落，或虽有小部分附着，只要轻轻一剥即脱落。蛋白呈乳白胶冻状，蛋黄呈橘红色的半凝固状，此时蛋已糟渍成熟，可以投放市场销售。

第五章 特色农产品加工技术

第一节 速冻类制品加工技术

速冻制品虽然已经深入千家万户，成为人们生活中经常食用的美味佳肴，下面以速冻水饺加工为例做详细介绍。

一、速冻水饺典型配方

（一）面皮配方

面粉 100kg，变性淀粉 5kg，碱 0.15kg，改良剂 0.01kg，水 45kg。

（二）馅心典型配方

速冻水饺的馅心丰富多样，如肉三鲜馅、素三鲜馅、香菇馅、茴香馅、牛肉馅、韭菜猪肉馅、荠菜猪肉馅、玉米蔬菜馅、胡萝卜羊肉馅等不胜枚举，下面的典型配方以肉三鲜馅、玉米蔬菜馅为例。

1. 肉三鲜馅

猪肉 35kg，水 3kg，肉皮汤冻 5kg，虾仁 15kg，木耳 5kg，卷心菜 8kg，姜 2kg，葱 5kg，盐 1kg，糖 1kg，味精 0.8kg，鸡精 0.6kg，花椒粉 0.08kg，虾肉精膏 0.012kg，生抽 2kg，老抽 1kg，香油 1kg，色拉油 2kg。

2. 玉米蔬菜馅

猪肉 35kg，水 3kg，肉皮汤冻 5kg，玉米粒 12kg，胡萝卜

10kg，卷心菜 10kg，马蹄 3kg，姜 2kg，洋葱 5kg，盐 1kg，糖
1kg，鸡精 1kg，胡椒粉 0.02kg，生抽 2.5kg，老抽 0.5kg，香油
1kg，蚝油 1.2kg，色拉油 2kg。

二、速冻水饺生产工艺流程

面皮原料→和面→制皮→成型←制馅←原料处理←馅心原料
速冻→包装→金属检测→入库冷藏。

三、速冻水饺生产工艺操作要点

（一）和面、制皮

和面前检查面粉和变性淀粉有无潮湿、霉变或异味，白度是
否正常；根据生产需求按每锅投入面粉的多少，准确计算面粉的
加水量和添加剂的量。冬季水温应控制在 25~30℃，可加温水进
行调节；夏季水温控制在 20~25℃，可加冰水进行调节。

1.和面

和面设备多用卧式和面机或真空和面机。先将面粉倒入和面
机内，再将变性淀粉与粉状小料混合后加 10kg 水（用水含在总
加水量中）搅拌均匀成糊状无硬块后倒入和面机，然后倒入剩余
的水。若为普通和面机，先开机正转搅拌 13min，醒面 5~10min，
再正转搅拌 2min 出锅。搅拌终点的判断：搅拌好的面皮有很好
的筋性，用手取一小撮面团，用两手的食指和拇指捏住小面团的
两端，轻轻向上下和两边拉延，使小面片慢慢变薄，若面片能拉
伸得很薄、透明、不断裂，说明该面团已经搅拌好。如果拉伸不
开，容易断裂或表面很粗糙、粘手，说明该面团搅拌得还不够，
此时用于成型，水饺很短，而且表皮不光滑，有粗糙颗粒感，容
易从中间断开，破裂率高。当然，面皮也不能搅拌过度，如果面
皮搅拌到发热变软，筋力也会下降。

真空和面机是理想的饺子皮调粉设备。这种设备实现了小麦

粉在真空负压下的搅拌，可使面粉快速均匀地吸透水分，面筋形成更快而充分，这使面团色泽均匀面片无色差，不起花；真空状态下，面团微粒间空气间隔减少，面团密度和强度上升，这使面片透亮，结构紧实。故真空和面所得速冻水饺在速冻后，破损率、冻裂率明显下降，在煮后，面皮表面晶莹光滑、口感筋道、不粘牙、耐煮，无破皮现象。而且，和面时的加水量比普通和面方法可提升5%~8%。真空和面时不用醒面。

2. 压延制皮

面团调制后要压延，其目的是赶走皮料中的空气，将松散的面团压成细密的、达到规定厚度要求的薄面皮，从而使面片具有一定的韧性和强度，使水饺皮更加光滑美观，成型时更容易割皮。如果没有压延，皮料会结成较大块的面团，分割不容易。压延在连续压延机上进行，一般为4~5道连续压延，面皮厚度逐渐变薄。压延的操作：将和好的面团分切成6~8kg重的面块，用手压平，投入压延机的面斗中，保证连续供料，然后面团经过第一道辊子的辊轧后，变为厚度约为15mm的面片，第二道辊轧面皮厚度约为7mm，第三道辊轧厚度约为4mm，第四道辊轧面皮厚度2mm，达到所需的面片厚度。压延过程中，为防止面片粘辊以致表面不光滑，需要动用撒粉装置，最后一道压延所用撒粉多用玉米淀粉和糯米粉的等比例混合物，而之前的压延撒粉使用面粉。

3. 制皮

手工包制饺子用的面皮如需机制，此时可在压延工序之后串联一道成型辊，则压延和制皮可一道完成，可根据不同品种的要求选择相应的成型模出皮，然后将出好的面皮成品接放在钢盘中，每盘放3行，每叠10~15张皮，送至手工成型工段即可。

机制饺子成型时，可将压延好的面片直接送至饺子成型机处即可。

目前市面上已有的高仿手工饺子机可将压延、输馅、成型的工序在一机上高效完成，不需单独的压延和制皮，节省了很多周转工序。

（二）原料处理和制馅

1. 馅用原料预处理

（1）菜处理 在生产车间外把不用的外皮、外包装、黄叶、老叶、块茎、杂质（泥、砂）除去，然后进入原料清洗车间。菜的清洗多手工进行，有条件可使用蔬菜清洗机。所有的菜保证清洗干净，清洗时依水池的大小适量投放，水必须能淹没菜，逐棵进行清洗，清洗最后一遍的水是清澈的。沥净水分的蔬菜按照工艺要求进行切丝、切丁，在脱水后挑出不合标准的大颗粒菜及杂质。常用蔬菜处理方法。

①卷心菜从根部先一刀砍开，分为两半，再分别砍两刀去根，去掉老叶、黄叶，清洗干净，用切菜机切，颗粒控制在 4~8mm，然后在脱水机中脱水。

②生姜掰叉，清洗干净，捞出控去多余水分，用斩拌机斩切成碎末。

③干木耳先用水浸泡，然后去掉硬根和杂质，控去多余水分后斩拌，颗粒控制在 4~8mm。

④韭菜去掉老茎和花薹，清洗干净，控去多余水分后，用切菜机切，颗粒控制在 4~7mm。

⑤脱皮大葱去根、黄叶，清洗干净，用切菜机切一遍，再用斩拌机斩碎，颗粒控制在 4~6mm。

⑥速冻荠菜放在清水中浸泡至完全解冻散开，清洗并挑拣杂质，捞出用切菜机切，颗粒控制在 2~5mm，脱水。

⑦粉丝。打开包装，解去捆绳，用 30~40℃的水浸泡 30~40min，泡软后立即捞出过冷水降温，以防浸泡过度变碎，控去多余水分后，用切菜机切，丝长控制在 8~10mm，脱水。

(2) 肉处理 使用冷冻肉要先切块再绞碎，用到冻肉切块机、绞肉机等设备。如果使用冷鲜肉，可直接绞碎待用。

(3) 肉皮汤冻的制作 肉皮汤冻可选用鲜猪肉皮在夹层锅中熬至全溶，冷后成冻，斩成颗粒状备用，也可使用鸡骨和猪骨吊汤，再加入增稠剂凝冻使用，后者称为骨汤冻。目前，骨汤冻的使用较为普遍，其制作要点如下：猪骨质量要求为形体粗壮完整，冻结良好，无杂质，气味正常；鸡骨质量要求为颜色淡黄色，去头去爪，冻结良好，无杂质、异物；先把猪骨头砸成小块后清洗干净，鸡骨用清水浸泡解冻后，清洗干净以除去血块；将猪骨和鸡骨按配方准确称量，同时放入葱段、姜片，放入高压灭菌锅中，关紧锅门，开始注水，同时放入料酒；水加完后开始打开气阀，待温度升至100℃时开始计时；在煮的过程中温度要保持在115~120℃，压力0.1~0.151MPa，保持60min；打开放气阀，待压力降下后，把煮好的汤倒入夹层锅中，按汤的多少加入配好的增稠剂等小料，小料要边加边搅拌，使其均匀充分吸水，同时气阀关小，待汤沸后出锅。

2. 拌馅

肉馅搅拌多在卧式拌馅机中进行，素馅搅拌可使用立式搅拌机。投料前把处理好的各种原料认真检验，并按搅拌机容量和正确投料顺序投料，搅拌时要按一个方向搅拌。

(1) 肉馅拌馅工艺 根据不同的产品配方把组织蛋白、肥膘、精肉、鸡皮和1/2的水放在一起投入搅拌机内搅拌20~35min。搅拌时要根据原料温度和季节调节搅拌时间，目的是要把所投馅料搅拌均匀，然后根据不同产品配方加入精肉或Ⅱ号肉、Ⅳ号肉、香菇、小料及剩余的1/2水，搅拌40~60min，使肉馅产生充分的黏性，形成半凝胶态，配方中的水完全被肉吸收为止，之后根据产品配方将肉皮汤冻、洋葱、油、木耳加入搅拌均匀，最后把剩余的原料蔬菜一起加入充分搅拌均匀。

（2）素馅拌馅工艺 素馅的搅拌时间无特殊限制，只要把所投料搅拌均匀即可，但搅拌时间不可过长，以避免馅料中的蔬菜颗粒出水，影响馅心质量。素三鲜：先将木耳、韭菜（上海青）、包菜、粉丝、姜放在一起搅拌均匀，再将小料、油一起加入搅拌均匀。韭菜鸡蛋：把韭菜、腐皮、包菜、姜放在一起，再将小料、油一起加入搅拌均匀，最后把处理好的鸡蛋加入搅拌均匀即可。

（三）成型

1. 手工成型

手工成型为有扑粉的一面向外，没有扑粉的一面放馅，馅放在皮的正中央，抹成团，将皮上下对折后呈半圆状，平放在弯曲的食指上，用大拇指和食指包制，双手微靠拢，大拇指轻轻向下滑动，包制成前三根筋对称明显，前后筋对照，左右角对称，前后肚表面光滑无小凹槽的水饺形状。手工包制时一定要对生产工人的包制手法进行统一培训，以保证产品外形的一致，同时该工序是工人直接接触食品阶段，因此除了进入车间进行常规的消毒以外，还应加强车间和生产用具的消毒。

2. 机制成型

水饺机的类型有很多，目前以灌肠式成型和辊切式包馅成型常见。机制成型模具的不同使制成的水饺外形也多种多样，比如花边饺子、咖喱饺子、高仿手工饺子等。以灌肠式成型为例，水饺机制成型的要点如下。

（1）饺子机要清理调试好 工作前必须检查及其运转是否正常，要保持及其清洁、无油污，不带肉馅、面块、面粉及其他异物；要将饺子馅调至均匀无间断地稳定流动；要将饺皮厚度、重量、大小调至符合产品质量要求的程度。一般来讲，水饺皮重<55%，馅重>45%时，形状较为饱满，大小、厚薄较适中。在包制过程中要及时加入面和馅，以确保饺子形状完整、大小均匀。

包制结束后，机器要按规定要求清洗有关部件，全部清洗完毕后，再一次装配好备用。

（2）要调节好皮速和馅速　馅速决定馅含量，是产品的重要参数，调整馅速时移开成型机构，将馅斗装满再开机，看出馅是否均匀，再调节出馅速度至满足工艺需要。皮速快了会使成型出的水饺产生痕纹，皮很厚；皮速慢了所成型出的水饺容易在后角断开，也就是通常所说的缺角。因此，调节皮速是水饺成型时首先要做的关键工作。调节的技巧是不用成型机构，关闭馅料口或不添加馅料，打开输面开关，调节输面速度，使挤压出的空心面管的厚度至 1mm 左右，或达到满足工艺需要的厚度，或者打开成型开关，关闭出馅，通过测量成型后的空心饺子的单重和形状来调整输面速度。

（3）要调节好成型机头的撒粉量　水饺成型时由于皮料经过绞龙强制挤压后会发热发黏，到达成型压模时，会随着模具向上滚动，移位至刮刀时产生破饺，因此在成型机头上方撒粉是十分必要的。撒粉量不是越多越好，若撒粉太多，经过速冻包装时，水饺表面的撒粉容易潮解，这使得水饺表面发黏，影响外观。

（4）整形好的饺子要轻拿轻放　水饺在包制时要求严密、形状整齐，不得有露馅、缺角、瘪肚、烂头、变形、带皱褶、带小辫子、连在一起不成单个、饺子两端大小不一等异常现象。包制好的饺子要轻拿轻放，借助手工整形以保持饺子良好的形状，剔除不合格品。在整形时，若用力过猛或手拿方式不合理，排列过紧、相互挤压等都会使成形良好的饺子发扁、变形不饱满，甚至出现汁液流出、粘连、饺皮裂口等现象。整形好的饺子要及时送速冻机进行快速冻结。

（四）速冻

速冻时按不同品种分好类别，均匀整齐的摆放在隧道的传输网带上，每盘之间不相互挤压；水饺初次进入隧道时，隧道内的温度必须在-34℃以下，冻结中隧道温度保持-30℃以下，冻结后水饺的中心温度必须达到-18℃以下；隧道的转速控制以隧道温度为准，合理调节，不同型号隧道的转速不同。对于速冻调理食品来说，要把原有的色、香、味、形保持良好，速冻工序至关重要。原则上要求低温、短时、快速，使水饺以最快的速度通过最大冰晶生成带，中心温度要在短时间达到-18℃。

在销售过程中出现产品容易发黑、容易解冻的根源是生产时的速冻工序没有控制好，主要是以下几个原因。

①冻结温度还没到-30℃以下就把水饺放入速冻机，这样就不会在短时间内通过最大冰晶生成带，速冻变成了缓冻。

②隧道前段冷冻温度不能过低或风速太大，否则会造成水饺进入后，因温差太大而导致表面迅速冻结变硬，之后内部冻结时体积增大，而表皮不能提供更多的退让空间致使裂纹出现。

③水饺没有及时放入速冻机，在生产车间置放得时间过久，馅料中的盐分水汁渗入皮料中，使皮料变软、变扁、变塌，这样的水饺经过速冻后最容易发黑，外观也不好。可以通过试验确定速冻饺子在速冻隧道中的停留时间，以确保产品质量。必要时，可在速冻水饺表面喷洒维生素 C 水溶液，可以对水饺表面的冰膜起到保护作用，防止饺子开裂。

（五）计量包装、金属检测和入库储藏

按照规格进行包装，过金属探测器，封箱入库。

速冻食品在称量包装时要考虑到冻品在冻藏过程中的失重问题，因此要根据冻藏时间的长短而适当地增加重量。冷库库温的稳定是保持速冻水饺品质的最重要因素，库温如果出现波动，水饺表面容易出现冰霜，反复波动的次数多了，就会使整袋水饺出现冰碴水饺表面出现裂纹，严重影响外观，甚至发生部分解冻而相互黏结。

第二节 调味类制品加工技术

一、酱油

我国酱油发酵是由制酱演变而来的，至今已有3 000多年的历史，酱油俗称豉油，主要由大豆、淀粉、小麦、食盐经过制油、发酵等程序酿制而成的。酱油的成分比较复杂，除食盐的成分外，还有多种氨基酸、糖类、有机酸、色素及香料等成分。以咸味为主，亦有鲜味、香味等。它能增加和改善菜肴的味道，还能增添或改变菜肴的色泽。我国人民在数千年前就已经掌握酿制工艺了。酱油一般有生抽和老抽两种：生抽较咸，用于提鲜；老抽较淡，用于提色。

酿造酱油是以大豆或脱脂大豆、小麦或麸皮为原料，经微生物发酵制成的具有特殊色、香、味的液体调味品。酿造酱油按工艺分为两类：高盐稀态发酵酱油（又称高盐稀醪发酵酱油）和低盐固态发酵酱油。

以下以高盐稀醪发酵工艺为例进行讲解。

（一）工艺原理

高盐稀醪发酵工艺即成曲拌入较多的高浓度盐水，制成流动状态的酱醪，保温或不保温长周期发酵，其优点是酱油香气好，属醇香型，且酱醪稀薄，易于保温，适于大规模机械化生产。但由于发酵时间长（2~3个月），需要较多保温、输运、搅拌等设备，且产品色泽较淡。

（二）工艺流程

原料处理→润水→蒸料→接种→制曲→发酵→取油→过滤→精制→灭菌→包装→检验→成品。

（三）操作要点

1. 酱油的原料处理

（1）饼粕加水及润水　加水量以蒸熟后曲料水分达到 47%~50% 为标准。

（2）混合　饼粕润水后，与轧碎小麦及麸皮充分混合。

（3）蒸煮　用旋转式蒸锅加压（0.2MPa）蒸料，使蛋白质适度变性，淀粉蒸熟糊化，并杀灭附着在原料上的微生物。

2. 制曲

（1）冷却接种　熟料快速冷却至 42℃，接入米曲霉菌种经纯粹扩大培养后的种曲 0.3%~0.4%，充分拌匀或者使用专业生产的曲精，使用量参照说明书。

（2）厚层通风制曲　接种后的曲料送入曲室曲池内。先间歇通风，后连续通风。制曲温度在孢子发芽阶段控制在 30~32℃，菌丝生长阶段控制在最高不超过 35℃。这期间要进行翻曲及铲曲。孢子着生初期，产酶最为旺盛，品温以控制在 30~32℃为宜。

3. 发酵

对于低盐固态酱油，成曲加 12~13 波美度，热盐水拌和入发酵池。品温 42~45℃维持 20d 左右，酱醪基本成熟。对于高盐稀态发酵酱油，低温发酵，不超过 30℃，每天用气泵鼓风管理，后期可加入生香酵母，周期 6 个月。

4. 浸出淋油

将前次生产留下的三油加热至 95℃，再送入成熟的酱醪内浸泡，使酱油溶于其中，然后从发酵池假底下部把生酱油（头油徐徐放出，通过食盐层补足浓度及盐分）。淋油是把酱油与酱渣分离出来。一般采用多次浸泡，分别依序淋出头油、二油及三油，循环套用才能把酱油成分基本上全部提取出来，对于高盐稀态发酵酱油，则压榨取油。

5. 后处理

酱油配制,加热至90~95℃消毒灭菌,或采用高温瞬时灭菌器灭菌,再澄清及质量检验,得到符合质量标准的成品。

二、食醋

根据醋酸发酵阶段各物料状态不同,可将食醋酿造工艺分为固态发酵工艺和液态发酵工艺两大类。下面以固态发酵工艺为例进行介绍。

(一)食醋工艺流程

原料配方→碎米或薯干→酒母→醋酸菌种子→细糠→粗糠→食盐→麸曲→蒸料前加水→蒸料后加水。

(二)操作要点

1. 原料处理

将碎米粉碎,细糠与米粉拌和均匀。进行第一次加水,边翻边加,使原料充分吸水。常压蒸1h,焖1h,蒸熟后移出过筛,冷却。

2. 糖化及酒化

熟料降温至40℃左右,进行二次洒水,翻一次后摊平。将细碎的麸曲匀布斜面,再将酵母液搅匀撒布其上,充分拌匀后装缸,入缸醅温24~25℃。醅温升至38℃时,倒醅,倒醅后5~8h,醅温又升至38~39℃,再倒醅。以后醅温正常维持在38~40℃,48h后醅温渐降,每天倒一次。5d降至33~35℃,糖化及酒化结束。

3. 醋酸发酵

酒精发酵结束,每缸拌加粗糠10kg,醋酸菌种子8kg,分两次拌匀倒缸。2~3d后醅温上升,控制在39~40℃。每天倒醅1次,12d左右,醅温降至38℃时,每缸分次加温1.5~3kg拌匀。醋酸发酵结束,放置2d,即为后熟。

4. 陈酿

将经后熟的醋醅移入院内缸中箍紧,上面盖食盐层后,泥封，放置 15~20d。中间倒醅一次，封缸存放 1 个月以上即可淋醋。

5. 淋醋

淋醋通常采用三组套淋法，循环萃取。在第三组醅中加自来水浸淋，淋出液加入第二组醅中淋出二级醋，再以二级醋加入第一组的醅中浸泡 20~24h 后淋出的，即为一级醋。

6. 配制与消毒

等级醋按质量标准调整后，按规定添加防腐剂，并在 80℃ 进行消毒处理，澄清后包装，即为成品。

三、番茄酱

（一）工艺流程

原料选择→清洗→修整→热烫→打浆→加热浓缩→装罐→密封→杀菌→冷却→成品。

（二）操作要点

1. 原料

选择充分成熟，色泽鲜艳，干物质含量高，皮薄、肉厚、籽少的果实为原料。

2. 清洗

用清水洗净果面的泥沙、污物。

3. 修整

切除果蒂及绿色和腐烂部分。

4. 热烫

将修整后的番茄倒入沸水中热烫 2~3min，使果肉软化，以便于打浆。

5. 打浆

热烫后，将番茄倒入打浆机内，将果肉打碎，除去果皮和籽粒。打浆机以双道打浆机为好。第一道筛孔直径为 1.0~12mm，第二道筛孔直径为 0.8~0.9mm。打浆后浆汁立即加热浓缩，以防果胶酶作用而分层。

6. 加热浓缩

将浆汁放入夹层锅内，加热浓缩，当可溶性固形物达 22%~24%时停止加热。浓缩过程中注意不断搅拌，以防焦煳。

7. 装罐密封

浓缩后浆体温度为 90~95℃，立即装罐密封。

8. 杀菌及冷却

在 100℃沸水中杀菌 20~30min，而后冷却至罐温达 35~40℃为止。

第三节 食用菌类制品加工技术

一、保鲜与初加工

（一）金针菇保鲜技术

食用菌保鲜的原理，就是采取有效措施降低食用菌子实体的新陈代谢，抑制微生物繁殖，提高食用菌的耐储性和抗病性，使子实体较长时间处于鲜活状态。食用菌保鲜常采用冷藏、真空保鲜、气调保鲜、辐射保鲜、化学药剂保鲜、负离子保鲜等方法。下面以金针菇保鲜技术为例，进行介绍。

刚采下的新鲜金针菇，如不妥善处理，会出现后熟和褐变现象。新鲜金针菇一旦加工，其风味和营养价值会明显降低，商品价值下降。因此，进行鲜金针菇的短期贮藏保鲜是很重要的。保鲜的原理是防止失水，控制呼吸和遏制褐变。常采取的措施有冷藏、真空保鲜。

1. 冷藏技术要点

待金针菇柄长 10cm，菌盖不开伞、菇鲜度好时即可采收，采前一天停止喷水，采下菇丛；剔除异杂物、霉烂菇，按等级要求对金针菇子实体进行分级；选用 0.004~0.008cm 厚的聚乙烯塑料袋，大小为 23cm×35cm，每袋装 200~300g；置于光线较暗、湿度较大、温度在 4~5℃ 的环境中，贮藏 5d 左右，品质基本不变。

2. 真空保鲜技术要点

采收、分级方法同前；选用 0.004~0.008cm 厚的聚乙烯塑料袋，大小为 23cm×35cm，每袋装 200~300g；在真空封口机中抽真空，以减少袋内氧气，隔绝鲜菇与外界的气体交换；置袋于温度为 1~5℃ 的环境中，可贮藏 15d 左右，品质基本不变。

（二）黑木耳干制技术

食用菌的干制技术亦称烘干、脱水加工等，它是在确保产品质量指标的前提下，利用外源热，促使菌体水分蒸发的工艺过程。下面以黑木耳干制技术为例，进行介绍。

黑木耳的干制一般采取晾晒法和烘干法。

1. 晾晒法技术要点

选择耳片充分展开、耳根收缩、颜色变浅的黑木耳及时采摘；剔去渣质、杂物，按大小分级；选晴天，在通风透光良好的场地搭建晒架，并铺上竹帘或晒席，将已采收的黑木耳薄薄地均匀撒摊在晒席上，在烈日下暴晒 1~2d，用手轻轻翻动，干硬发脆，有哗哗响声为干，但需注意，在未干之前，不宜多用手去动，以免形成"拳耳"；将晒干的耳片分级，及时装入无毒塑料袋，密封保藏于通风干燥处。

2. 烘干法技术要点

采收、分级方法同前；将已采收的黑木耳均匀排放在烤筛上，排放厚度不超过 6~8cm，烘烤温度先低后高，初温 10~15℃，然后逐渐升温至 30℃ 左右，升温速度掌握 3~4h 升高 5℃，当烘至五成干时，再将温度升到 40℃ 左右，继续烘干至木耳的含水量在 13% 左右，期间注意室内通风换气，并不断翻动耳片，使烘干得更均匀，更迅速；烘干后要及时装入无毒塑料袋，轻轻压出袋内的空气，扎紧袋口，密封放置在木箱或木桶内，贮藏在干燥通风的室内或及时出售。

（三）盐渍技术

盐渍加工的食用菌产品含盐量可达25%，可以产生远远超过一般微生物的细胞渗透压，致使微生物不但无法从盐渍产品中吸取营养而生长繁殖，而且还能使微生物细胞内的水分外渗，造成"生理干燥"现象，使微生物处于休眠或死亡状态。这是盐渍加工品得以较长时间保藏的主要原因。下面以鸡腿菇盐渍技术为例。

由于鸡腿菇成熟后，子实体很容易墨化，因此，采收后的新鲜子实体常常采取盐渍的方法进行加工，盐渍技术要点如下。

1. 采收

在菇蕾期即菌环紧包菌柄，菌盖表皮呈现出平伏状鱼鳞片，菌环没有松动，高度在6~10cm时迅速采收。若采收不及时，将影响盐渍菇质量。果收时应按鸡腿菇大小分开放置，轻拿轻放，保证菇体完整、无破损，菇体菌柄基部切削整齐。

2. 清洗

用洁净无污染的清水或自来水轻轻冲洗，洗除菇体表面尘埃、泥沙等杂质，注意保证菇体完整、无破损，洗净后捞起控水。

3. 杀青

在铝锅或不锈钢锅内，将自来水加热至沸腾，把清洗后的鸡腿菇放入锅内煮制。一边煮，一边轻轻搅动，及时滤去锅中菇沫，出锅需5~7min。具体煮制时间根据火力和鸡腿菇大小而定，要求将其煮熟、煮透、不生不烂为标准。鉴别方法有五步：一看，停火片刻后看菇体沉浮，沉入水中为熟，浮于水面为生；二捏，用拇指、食指、中指捏压菇体，若有弹性、韧性，捏陷复位

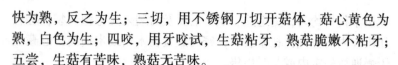

快为熟，反之为生；三切，用不锈钢刀切开菇体，菇心黄色为熟，白色为生；四咬，用牙咬试，生菇粘牙，熟菇脆嫩不粘牙；五尝，生菇有苦味，熟菇无苦味。

4. 冷却

将杀青后的鸡腿菇从锅中小心捞出，迅速倒入盛有清洁冷水的缸、盆、池中冷却 30min，至菇心凉透为止，捞出后滤水 5~10min。注意要冷却彻底，否则容易发黑、发霉、发臭。

5. 盐渍

缸内配制浓度为 15~16 波美度食盐水，注意食盐要用开水搅拌溶解，冷却后要用纱布过滤，及时去除杂质。将冷却滤水后的鸡腿菇放入盐水缸中进行盐渍，使盐分向菇体自然渗透。此操作中注意使菇体不露出盐水面，以避免菇体发黑变质。如果发现缸中产生不良气味，要及时倒缸。盐渍 3d 后，将鸡腿菇捞起，再放入 20 波美度的盐水缸继续盐渍。此期间每天倒缸 1 次，并使盐水浓度保持在 20~22 波美度。若盐水浓度偏低，可加入饱和盐水进行调整。盐渍 1 周后，缸内盐水浓度稳定在 20 波美度不再下降时出缸。

6. 装桶

沥尽盐水后称重。按容器大小定量装入鸡腿菇 25kg 或 50kg，并在容器内灌满 20 波美度的盐水，用 0.2%柠檬酸调节 pH 值为 3~3.5，盖上容器盖即为成品，封存贮藏或外销。

二、深加工

(一) 多糖提取技术

食用菌如香菇、猴头菇、金针菇等，所含多糖均具有显著的药用功效，如增强免疫作用、降血糖作用、抗氧化作用等。

下面以香菇多糖提取技术为例。

1. 工艺流程

过滤→烘干→粉碎→水提→离心→浓缩→醇沉→酶解→脱色→柱层析→醇沉→过滤→干燥→成品。

2. 操作要点

(1) 过滤 用 2 层纱布将香菇发酵液过滤 2 次，并反复洗涤得到的香菇菌丝体，称量重量。

(2) 烘干 将香菇菌丝体盛装在培养皿中，于 95~100℃下烘干，称量重量。

(3) 粉碎 将烘干的香菇菌丝体放入小型粉碎机中粉碎，并过 100 目筛。

(4) 水提 将粉碎过筛后的香菇菌丝体加到为其质量 20 倍的纯净水中，水浴恒温 70℃，保持 5h。

(5) 离心 将水浴加热后的液体离心（4 000r/min，10min）收集上清液；沉淀物再次加水，于 70℃水浴再次浸提 2.5h，离心收集上清液，合并 2 次的离心上清液。

(6) 浓缩 使用真空浓缩罐将离心所得的上清液真空浓缩至稀糖浆状。

(7) 醇沉 向浓缩液中加入为其体积 4 倍的无水酒精，混匀，静置过夜。

(8) 酶解 将醇沉后过滤所得的香菇多糖粗品溶于 5 倍体积的蒸馏水中，并加入蛋白酶，水浴恒温 35℃，保温 3h 之后过滤。

(9) 脱色 向酶解后所得滤液中加入 2mol/L 的氢氧化钠，并调节 pH 值至中性，加热沸腾，加入活性炭，保温 15min，过滤。

(10) 柱层析 调节滤液至中性，分别通过阴离子柱和阳离子柱，收集流出液。

(11) 醇沉 在流出液中加入无水酒精，使溶液中含醇量达 70%，混匀，静置过夜。

（12）过滤 将所得沉淀过滤，并用 85%酒精洗涤 2 次，弃去上清液。

（13）干燥 将所得过滤产物在低温下干燥，则可得到较纯的香菇多糖，称量质量。

（14）粉碎、包装 使用小型粉碎机将冷冻干燥后的香菇多糖进一步粉碎，用自动包装机进行准确计量和包装。

（二）深层发酵技术

深层发酵又称深层培养或沉没式培养，在发酵罐中，采用液体培养基通入无菌空气并加以搅拌，以增加培养基中溶解氧含量，控制发酵工艺参数，获得大量菌丝体或代谢物。

1. 工艺流程

以下以香菇菌丝液体深层发酵技术为例进行讲解（图 5-1）。

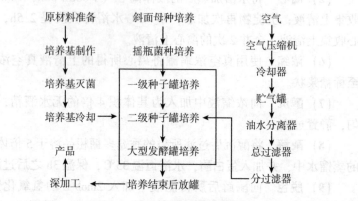

图 5-1　液体深层发酵工艺流程

2. 技术要点

（1）斜面母种培养　按照常规方法制作试管斜面母种。

（2）液体摇瓶菌种培养　一般使用 PDA 加富培养基作为液体摇瓶菌种的培养基（不加琼脂）。配制好的培养基分装于三角瓶内，通常 500mL 的三角瓶装 150mL 培养基，并在三角瓶内放 3~4 粒玻璃珠（也可不放），塞好棉塞，扎上防水纸，123℃灭菌 30min；冷却后，接入 0.5cm^2 大小的斜面母种 2~4 块，静置培养 48h 后夹于摇床上进行振荡培养，培养温度及菌龄应视菌株而定。摇瓶种子需经严格逐瓶检查后方可使用。

（3）一级、二级菌种培养　为满足生产需求，摇瓶种子再进一步扩大繁殖成一级、二级种子。一级种子罐通常为 50~100L，二级种子罐为 500~1 000L。种子罐灭菌处理后，接种时打开排气孔，关闭进气口，温度保持在 25℃左右；正常培养 48~96h 后转入发酵培养。

（4）大型发酵罐发酵培养　将培养好的一级、二级种子接种到大型发酵罐进行发酵培养，发酵过程的不同时期要注意相关工艺参数的控制（表 5-1）和管理重要指标的检查（表 5-2）。

表 5-1　香菇大型发酵罐培养工艺参数控制

参数	控制标准
菌龄	摇瓶种子菌龄控制在 4~10d，一级、二级种子菌龄为 48~96h
接种量	接种量通常为 10%~20%
温度	温度通常在 25~28℃生长最快，菌丝体得率最高
通气量	前 48h 以 0.5 通气体积/培养液体积/min，后 48h 以 1.0 通气体积/培养液体积/min
搅拌速度	香菇深层发酵的搅拌速度一般是 200~250r/min
酸碱度	香菇在深层发酵中适宜 pH 值为 4.5~6.5
罐压	发酵过程中罐压通常为 0.2~0.7kg/cm^2
泡沫控制	使用加入量约为 0.006%泡敌（聚环氧丙烷甘油醚）进行消泡处理

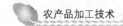

表5-2　香菇大型发酵罐培养重要指标检查

发酵阶段	指标	检查标准
发酵中期	菌丝量	采用离心法，量取定体积的样品液离心后称菌泥质量
	菌丝体大小	取少量菌丝球于加有蒸馏水培养皿中，用游标卡尺测量
	纯度	通过平板培养或显微镜检查是否存在污染
	酸碱度	检查发酵液的pH值变化，了解发酵的进程并间接了解污染情况
	总糖量	选用蒽酮比色定糖法或3,5-二硝基水杨酸比色法测定
	氨基氮	选用微量凯氏定氮法或甲醛滴定法进行测定
发酵后期		产物浓度、过滤浓度、含氮量残糖量、菌丝形态、pH值、发酵液纯度等
发酵结束		经4 000r/min离心10min，菌泥湿重在每20~25g/100mL时放罐

参考文献

陈夏娇，王巧敏，2012. 蔬菜加工新技术与营销［M］. 北京：金盾出版社.

范社强，2015. 果品蔬菜实用加工技术［M］. 北京：金盾出版社.

孔保华，于海龙，2012. 畜产品加工［M］. 北京：中国农业科学技术出版社.

林静，2015. 食用菌栽培加工生产技术与机械设备［M］. 北京：中国农业出版社.

刘会珍，刘桂芹，2015. 果蔬贮藏与加工技术［M］. 北京：中国农业科学技术出版社.

卢元翠，2017. 农产品加工新技术［M］. 北京：中国农业出版社.

闫广金，2019. 蔬菜腌制加工技术［M］. 北京：中国农业科学技术出版社.

于勇，2018. 粮食作物种植及产后加工［M］. 北京：中国农业出版社.